放弃是智慧

苏　燕◎编著

天津出版传媒集团
天津人民出版社

图书在版编目（CIP）数据

放弃是智慧 / 苏燕编著 . -- 天津 : 天津人民出版社 , 2018.12
ISBN 978-7-201-13981-4

Ⅰ . ①放… Ⅱ . ①苏… Ⅲ . ①人生哲学—通俗读物
Ⅳ . ① B821-49

中国版本图书馆 CIP 数据核字（2018）第 187227 号

放弃是智慧

FANG QISHI ZHIHUI

出　　版　天津人民出版社
出 版 人　黄　沛
地　　址　天津市和平区西康路 35 号康岳大厦
邮政编码　300051
邮购电话　（022）23332469
网　　址　http: //www.tjrmcbs.com
电子信箱　tjrmcbs@126.com
责任编辑　刘子伯
印　　刷　三河市恒升印装有限公司
经　　销　新华书店
开　　本　710 × 1000　　1/16
印　　张　16
字　　数　200 千字
版次印次　2018 年 12 月第 1 版　2019 年 1 月第 1 次印刷
定　　价　39.80 元

目 录

Contents

第1章 有时候，放弃是为了更好地前进

第2章 适时放手，做从容的自己

第3章　生活在现实，就不要过于苛责

第4章　放弃并不等于丢了韧性

第5章　要想活得精彩，就要活得真实

第6章　完美自我，朝成功迈进

第7章 走好每一步，走向美好未来

第1章

有时候，放弃是为了更好地前进

要拿得起，更要放得下

这世上，为何有的人活得轻松，而有的人却活得沉重？因为前者拿得起，放得下；而后者拿得起，却放不下，所以沉重。人要拿得起，也要放得下。拿得起是生存，放得下是生活；拿得起是能力，放得下是智慧。

有的人拿不起，也就无所谓放下；有的人拿得起，却放不下。拿不起，就会庸庸碌碌；放不下，就会疲惫不堪。人生有许多东西需要放下。只有放下那些无谓的负担，我们才能一路潇洒前行。

多年前，马来西亚有一家国营钢铁厂经营不景气，亏损高达 15 亿元。首相找到华裔企业家谢英福，请他担任公司总裁，他不假思索地答应了。在别人看来，这是一个错误的决定，因为钢铁厂债重难还，而生产设备又落后，员工凝聚力涣散。这是一个巨大的洞，根本无法填平的洞。

面对种种议论，谢英福却坦然地对媒体说："当年我来到马来西亚时，口袋里只有 5 元钱，这个国家令我成功，现在我要报效这个国家，如果我失败了，那就等于损失了 5 元钱。"

最终，年近 6 旬的谢英福从别墅里搬出来，住进了那家破败的钢铁厂。3 年后，工厂起死回生，开始大量盈利。

得失只在 5 元钱，这是一种勇气，一种超脱。

武侠小说界泰斗金庸先生在自己一生的几次重大转折时，也表现出拿得起，放得下的气魄。

金庸在 15 年间写出 15 部武侠小说，获得了巨大声誉，然而到了 1970 年，他毅然闭门封笔，用 10 年时间修改出版了一整套的《金庸作品集》。毅然放下如日中天的事业，并不是一般人能够做到的。

拿得起，放得下的气魄还表现在他创办《明报》的过程中。在写作之外，20 多年来的《明报》社论几乎都是他写的。他也因此逐渐赢得了政论家的声誉。然而他又主动把主笔交给了其他人，自己只是偶然动笔。一般的社论题目是楷体字，如果某一天出现是宋体，那就是他亲自写的，也就有了“查记出品，宋体为号”说说法。

人的一生很短暂，放弃其实是为了得到，只要能得到你想得到的，放弃一些对你而言并不重要的东西，又有什么好为难的呢？贪婪是大多数人的毛病，并且因此给自己带来压力、痛苦、焦虑和不安。往往什么都不愿放弃的人，结果却什么也没有得到，反而是那些懂得放弃的人，得到的却是人生另一番美妙的风景。

我们总以为放弃之后，我们会失去很多，而事实却不是这样，放弃并不等于失去，放弃了某个东西，或许我们收获的不仅仅是另一个东西，还有另一种心境，人生的一大放松。

这就像对于一份已经死亡的爱情，那个你朝思暮想的人已经不再爱你，抓在手中又有什么意义呢？一个舔着伤口过日子的人为何不选择另一种新的生活呢？放弃，并不意味着失去，放弃了旧的东西，才能让新的东西填充未来，人该有对新生活的憧憬以及勇敢地放弃痛苦生活的洒脱。在放弃之后，你可能会发现一身轻松，太阳是全新的，外面的世界是全新的，那些旧的阴霾都已经消散，迎接你的是美好的明天。

放弃，是一种智慧，是一种豁达，它不盲目、不狭隘；放弃，对心境是一种宽松，对心灵是一种滋润。它驱散了乌云，清扫了心房。有了它，人生才有坦然的心境；有了它，生活才会阳光灿烂。

拿得起是一种功力，放得下是一种修养。前者可贵，后者才是人生处世之真谛。唯有放得下，才能将拿得起的东西更好地把握住，从而抓住最重要的东西。所以，有人说，人生最大的选择就是拿得起，放得下。只有这样，你才能活得轻松而幸福。

一个背着大包裹的忧愁者，千里迢迢跑来拜访一位德高望重的哲人，他诉苦道："先生，我是那样的孤独、痛苦和寂寞，长期的跋涉使我疲倦到了极点，我的鞋子破了，荆棘割破了双脚，手也受伤了，流血不止；嗓子因为长久的呼喊而喑哑……为什么我还不能找到心中的阳光？"

哲人问："你的大包裹里装的是什么？"忧愁者说："它对我可重要了。里面是我每一次跌倒时的痛苦，每一次受伤后的哭泣，每一次孤寂时的烦恼……靠了它，我才能走到您这儿来。"

于是，哲人带忧愁者来到河边，他们坐船过了河。上岸后，哲人说："你扛了船赶路吧！""什么，扛了船赶路？"忧愁者很惊讶，"它那么沉，我扛得动吗？""是的，孩子，你扛不动它。"哲人微微一笑说，"过河时，船是有用的。但过了河，我们就要放下船赶路，否则它会变成我们的包袱。痛苦、孤独、寂寞、灾难、眼泪，这些对人生都是有用的，它能使生命得到升华，但如果须臾不忘，就成了人生的包袱。放下它吧！孩子，生命不能过度负重。"

忧愁者放下包袱，继续赶路，果然他发觉自己的步子轻松而愉悦，比以前轻快很多。原来，生命是可以不必如此沉重的。人生在世，当鱼和熊掌不能兼得的时候，继续为了"兼得"而不做舍弃，这就不是智者的行为。

有只狐狸被猎人用套夹夹住了一只爪子，它毫不迟疑地咬断了那条小腿，然后逃命。放弃一条腿而保全一条性命，这是狐狸的哲学。人生亦应如此，在生活强迫我们必须付出惨痛的代价以前，主动放弃局部利益而保全整体利益是最明智的选择。智者曰："两弊相衡取其轻，两利相权取其重。"趋利避害，这也正是放弃的实质。

人生的目的不是面面俱到，不是多多益善，而是把已经掌握的东西得心应手地去运用，它跟宝剑一样，剑刃越薄越好，重量越轻越好。

一个带着过多包袱上路的人注定不会走得快，只有卸下身上的包袱才可能走得更快，我们总是让生命承载太多的负荷，这个舍不得丢掉，那个舍不得丢掉，最终被压弯腰的是我们自己。放下太多的虚荣，放下太多的功利，放下金钱的压力，为我们自己的肩膀减负。

精明者敢于放弃，聪明者乐于放弃，高明者善于放弃。人，其实天生就懂得放弃，但放弃非盲目的，而是有选择地放弃。放弃重在选择，次在放弃，放弃失落带来的痛楚，放弃屈辱留下的仇恨，放弃心中所有难言的负荷，放弃耗费精力的争吵，放弃没完没了的解释，放弃对权力的角逐，放弃对金钱的贪欲，放弃对虚名的争夺……放弃的是烦恼，摆脱的是纠缠，收获的就是快乐，拥有的就是充实。

放弃是为了更好地拥有。放弃是一种超脱，一种气度，更是一种升华，一种境界。

何不以退为进

有些人处理问题，喜欢迎刃而上，不管前面遇到再大的困难，也要勇往直前，结果弄得头破血流。所以人生处世，一味地“进”，便如鹬蚌相争，僵持不下，终致两败俱伤，使他人坐收渔利。不如退让一步，自会风平浪静，小事化无。

1076 年，德意志神圣罗马帝国皇帝亨利与教皇格里高利争夺权力。斗争日益猛烈，发展到了势不两立的地步。亨利想摆脱罗马教廷的控制，而教皇则想把亨利所有的自主权都剥夺殆尽。

在矛盾激烈的紧急关头，亨利先发制人，召集德国境内所有的教士们开了一个宗教会议，宣布废除格里高利的教皇职位。而格里高利则毫不示弱，在罗马的拉特兰诺宫召开了一个全基督教会的会议，宣布驱逐亨利出教，不仅要德国人反对亨利，在其他国家也掀起了反亨利的浪潮。

教皇的号召力非常之大，一时间德国内外反亨利的力量声势震天，尤其是德国境内大大小小的封建主都起兵造反，向亨利的王位发难。

亨利面对紧急局面，被迫妥协。1077 年 1 月他身穿破衣，只带了两个随从，骑着毛驴，冒着严寒，翻山越岭，千里迢迢地来到罗马，准备向教皇认罪忏悔。

但格里高利故意不予理睬，在亨利到来之前就躲到了远离罗马的卡诺莎行宫。亨利没有办法，只好又前往卡诺莎。亨利到了卡诺莎后，教皇紧闭城堡大门，不让他进来。为了保住皇帝头衔，亨利忍辱在城堡门前跪下。当时大雪纷纷，天寒地冻，身为帝王之尊的亨利屈膝脱帽，在雪地上跪了三天三夜，教皇才开门迎接，饶恕了他。这就是历史上著名的“卡诺莎之行”。

最后，亨利恢复了教籍，保住帝位返回德国。后来，帝国皇帝亨利集中精力整顿内部力量，然后派兵把一个个封建主逐个击破，剥夺了他们的爵位和封邑，那些一度危及他帝位的反抗势力逐一被消灭。在阵脚稳定之后，他立即发兵进军罗马，在亨利的强兵面前，格里高利弃城而逃，最后客死他乡。

亨利因放弃进攻，而得到了教皇的饶恕，消除了他与教皇的对峙局面。也许有人会对这种做法不屑一顾，认为简直是低三下四、尊严扫尽。但是好汉不吃眼前亏，在关键时候，放弃眼下似乎很重要的东西才能获得长远的胜利。

留得青山在，不怕没柴烧。德国皇帝“卡诺莎之行”的目的就是以雪地长跪“认罪忏悔”来换取以后的利益。为了生存和实现更高远的目标，如果因为不肯暂时低头而遭受巨大的损失，甚至把命都丢了，还怎么谈未来和理想呢？可是不少人一碰到眼前的利益，为了所谓的“面子”和“尊严”，就会跟对方硬拼，结果一败涂地，即便获得“惨胜”，也会元气大伤。所以，当碰到对自己不利的情况时，千万不要逞能当一时之英雄。只有获得最后的胜利，才能算得上真正的英雄。

汉代公孙弘自幼家贫，贵为丞相后生活依然十分俭朴，吃饭只有一个荤菜，睡觉只盖普通棉被。就因为这样，大臣汲黯向汉武帝参了一本，批评公孙弘位列三公，有相当可观的俸禄，却只盖普通棉被，实质上是使诈以骗取俭朴清廉的美名。

汉武帝问公孙弘：“汲黯说的都是事实吗？”公孙弘平静地回答道：“汲黯说的是事实。满朝大臣中，他与我关系最好，也最了解我。今天他当着大家的面指责我，正中我要害。我位列三公却只盖棉被，生活水准同百姓一样，确实是故意装清廉以沽名钓誉。如果不是汲黯忠心耿耿，陛下怎么能听到对我的这种批评呢？”汉武帝听了公孙弘的这一番话，反而觉得他为人谦让，越发尊重他了。

公孙弘面对汲黯的指责和汉武帝的询问，一句也不为自己辩解，全部承认，这其实是一种极其睿智的应对策略。汲黯指责他“使诈以沽名钓誉”，无论他怎样辩解，旁人都以先入为主的眼光认为他在继续“使诈”。公孙弘深知这个指责的分量，不作任何辩白，就承认自己沽名钓誉。实际上是在表明自己至少“现在没有使诈”。“现在没有使诈”被指责者及旁观者都认可了，也就减轻了罪名的分量。公孙弘的高明之处，还在于对指责自己的人大加赞赏，说他是“忠心耿耿”。这样一来，就给皇帝及同僚们这样的印象：公孙弘真是“宰相肚里能撑船”。既然别人有了这样的印象，那么公孙弘就用不着去辩解沽名钓誉了，因为这不是什么政治野心，对皇帝构不成威胁，对同僚构不成伤害，只是个人对清名的一种嗜好，无伤大雅。总地说来，公孙弘正是因为放弃了对汲黯的进攻而使皇帝对他更加尊重。

对没有的事情不予否定，事情总有水落石出的一天，那时候还能得到更多人的尊敬。就算有错承认了也没什么大不了的，别人反而会觉得你人格高尚。勇于承认错误更易得到大家的谅解，而且一个光明磊落的人即使错又能错到哪里去呢？不辩自明，真是一种极好的处世哲学。

以退为进是一种大智慧。如果人在这方面运用得好能受益匪浅。看似退，何尝不是一种进？人生有欲，欲而不止则争，争则乱，老子说：“夫唯不争，故天下莫能与之争。”不争名不争利不争功，退一步，守一颗清净本心；得一片清净天地。

有退才有从容

生活中有些人，往往为了一点微不足道的小事争执不休，其后果轻的生了一肚子气，不欢而散；重的引起双方大动干戈，后果不堪设想。有一句话叫：“退后一步天地宽。”自然界中那些“适者生存”的现象说明：凡事逞强好胜的，往往碰得头破血流；而学会适时忍让的，倒可能成为最后的赢家。

日本著名拳击手轮岛功曾一度失败，失去了拳王宝座。他决心在下一次的比赛中将其夺回，于是便宣布向当时的拳王挑战。在比赛前夕，召开了记者会，记者们很惊讶地发现，轮岛功一全身裹着厚重的大衣，脸上还戴着口罩，并且不停地咳嗽。在场的记者们都感到不安，在此重大比赛的前夕，这位老兄的身体竟然是这般的状况，可真是太不幸了。

反观他的对手——身体强健、非常自信，似乎还未比赛，人们已经知道了此次比赛到底谁胜谁负。然而，比赛的结果却大大出乎人们的预料，拳王宝座竟然被轮岛功一夺了回去。

这到底是怎么回事？比赛前的轮岛功一的身体状况是真的很糟糕吗？不是，他在赛前记者招待会的表现是一种表演，是为了“故意示弱”以麻痹对手，松懈对方的戒备心理。

魏明帝时，曹爽和司马懿同执朝政。司马懿被升作太傅，其实是明升暗降，军政大权落入曹爽手中。司马懿见此情景，便假装生病，闲居家中等待时机。

曹爽骄横专权，不可一世，唯独担心司马氏。正值李胜升任青州刺史，曹爽便叫他去司马府辞行，实为探听虚实。司马懿洞悉实情，就摘掉帽子，散开头发，拥被坐在床上，假装重病，然后请李胜入见。

李胜拜见过后，说："一向不见太傅，谁想病到这般。现在小子调作青州刺史，特来向太傅辞行。"

司马懿佯答："并州靠近北方，务必要小心啊！"

李胜说："我是往青州，不是并州！"

司马懿笑着说："你从并州来的？"

李胜大声说："是山东的青州！"

司马懿笑了起来说："是青州来的？"

李胜心想："这老头儿怎么病得这般厉害？都聋了。"

"拿笔来！"李胜吩咐，并写了字给他看。

司马懿假装看了后才明白，笑着说："不想我耳朵都病聋了！"

手指指口，侍女即给他喝汤，他用口去饮，又洒了满床。司马懿对李胜说："我不行了，可我的两个孩子又不成才，望先生训导他们。如果见了曹大将军，千万请他照顾！"说完他又倒在床上，喘息起来。

李胜拜辞回去，将情况报告给曹爽。曹爽大喜，说："此老若死，我就可以放心了。"从此，他对司马懿不再防范。

李胜一走，司马懿就起身告诉两个儿子说："从此曹爽对我真的放心了，只等他出城打猎的时候，再给他点厉害让他尝尝！"

不久，曹爽护驾，陪同明帝拜谒祖先。司马懿立即召集昔日的部下，率领家将，占领了武器库，威胁太后，削除曹爽羽翼，然后又骗曹爽，说只要交出兵权，并不加害于他。等局势稳定了，司马懿就把曹爽及其党羽统统处斩，掌握了魏朝军政大权。

司马懿的故事进一步说明。遇到与自己势均力敌的对手时，处处显出自己的强悍，会增加敌人的警惕心理，很难取胜。这时，如果能够抓住敌人骄纵的弱点，示弱与他人，让敌人掉以轻心，这样反而能够取胜。

正所谓“骄兵必败，哀兵必胜”，在很多时候，示弱恰恰是战胜对手的良策。在对手面前恰当地暴露自己的缺点，让对手产生轻敌的情绪，能够起到意想不到的效果。

一位经济状况不错的先生住在老式的居民区，一贯瞧不起身边的普通人。后来他买了小车，出门进门从不把路过的邻居放在眼里，有时雨天积水也是快速通过，周围的邻居对他非常厌恶。没过两年他的公司就倒闭了，小车换成摩托车，他开始反省自己，先做人后做事，从改善邻里关系做起。于是，他每天开始和邻居打招呼，给小朋友买些小玩具和他们一起玩。又过了不久，他东山再起，又买了小车，每次进出，都慢慢开，并摇下车窗问候一声；碰到小孩总要下车摸摸他的头，偶尔带点小礼物，小区谁家有困难总是出手相助，再后来他要搬家了，所有的邻居都依依不舍给他送行，说有空常回来看看。

做人真的不能过于自大，把姿态稍微放低一些，做人宽容点，当别人感受到你对他的尊重时，他同样对你回以尊重，这样人与人之间的关系也就变得和谐了些。

在生活中，人与人之间相互多点谦让，遇事往后稍退一步，不为蝇头小利动肝火；在利益面前，适当地选择放弃。当你对朋友退让一步，加深的是彼此之间的友情；家人之间退让一步，收获的是充满温馨的氛围；夫妻之间退让一步，是爱的升华；陌生人之间退让一步，免去了许多不必要的纠葛。

没有放弃，无所谓选择

大多数人为选择而苦恼，但却没有意识到没有放弃，就无所谓选择。人生苦短，越想多得到一些，就越需要放弃一些。什么都想要，到最后什么都不会得到，让自己的一生永远处于碌碌无为之中。一个人选择得当，是因为他会放弃而已。

有种美丽叫作放弃，有种睿智叫作选择。人像往常一样向生活深处走去，像往常一样聪明地选择，又勇敢地放弃！人生就像是人在列车上的一次长途旅行，到了站点，你就必须下车。沉迷于过往的人将永远生活在痛苦和遗憾之中。放弃是一种睿智，放弃应该放弃的，选择应该选择的，往往会给你带来成功，带来财富。

江苏雨润食品产业集团董事长祝义才出生于安徽桐城一户贫苦农家。大学毕业后，祝义才被分到了安徽省交通厅属下的海运公司。一个穷人家的孩子跳出“农门”，吃起了“皇粮”，这放在绝大多数人身上都会心满意足。然而，祝义才注定是个例外，“这样整天坐在办公室逐渐老去我觉得很可怕……”1990年，不安分的祝义才工作了一年多，就“跳下了海”。这一跳，便跳出了一个14年后坐拥数10亿元资产的商界大亨。

祝义才不止一次谈及他的财富观，即：敢于放弃。所谓有“舍”才有“得”。这次舍“皇粮”而“下海”，使他最终赢得亿万财富，这或许可以看作是祝义才第一次“舍得”之举。经朋友指点，他看中了当时利润很大的水产生意——贩卖虾蟹做出口贸易。一波三折后总算顺当，祝义才租了一辆三轮车用来送货，将从水产摊上赊来的货一车一车地送到贸易公司。为使货物保鲜，车上装满冰块，而他自己就坐在满是冰块的车上，冻得腿脚发麻……辛苦了半个多月，订单完成，祝义才仔仔细细地对自己的第一笔生意做了一下结算，结果令他大吃一惊：赚了 10 万元人民币！

好景由此开始，财富聚沙成塔，他又接连拿到几家大公司的订单，当年销售额达到 9000 万元人民币，净赚了 480 万元人民币！

从 200 元人民币到 480 万元人民币，给祝义才的震撼与影响是不可估量的，而他的“野心”绝不仅仅到此为止。虽然他靠水产起家，但这行还是没能留住他。1992 年，祝义才怀揣着在合肥做水产生意赚下的 200 万元人民币，到南京来闯天下。在雨花台区的沙洲，他租下一个小厂房，创立了雨润肉食品公司。

在成立雨润肉食品公司时，祝义才又放弃了眼前的小机遇，没有进行在市场上红火但竞争也激烈的高温火腿肠项目，而是瞄准宾馆的高档西式低温肉制品市场。在当时，内地尚没有进行工业化生产的西式低温肉制品，可以说，根本就没有竞争。于是他一炮打响，销售额逐年翻番。

放弃与选择贯穿着祝义才的传奇创业史，每一个决策的诞生，都伴随着选择与放弃，正是因为他正确的选择与放弃，才赢得了惊人的辉煌。放弃和选择总是如影随形，选择了一个，就是自动地放弃了另一个。人在这里也肯定祝义才的每一次选择和放弃所带来的艰辛，但是成功的路本来就是不平坦的，只要这种选择是有希望的，这种放弃是明智的，成功只是早早晚晚的事情。

有位记者曾经采访过一位事业上颇为成功的女强人，讨教她成功的秘诀，她给出了和祝义才同样的答案——放弃。她用她亲身经历的事情对此作了最具体生动的诠释：为了获得事业上的成功，她放弃了很多很多，包括优越的城市生活、舒适的工作环境、数不清的假日、身体健康乃至生命安全……选择了事业上的成功，就放弃了一切的舒适与奢华，为了这种选择的成功，注定付出，注定放弃。

有一首歌唱得很好，歌词大意说：我想去桂林，可是有时间的时候却没有钱；我想去桂林，有了钱的时候却没时间。当提议朋友们一起聚会或集体旅游时，人常常也会听到类似的抱怨。其实，人生是不会存在一种很完美的状态的，人只能在目前的情况与条件下做出自己认为最好的决定。选择不能拖欠，当人等待更好的条件时，或许就会错过选择的机会。

天道吝啬，造物主不会让一个人把所有的好事都占全。该放弃时一定要放弃，常言说得好：旧的不去，新的不来。不放下你手中的东西，你又怎么会拿起另外的东西呢？任何获得都要以放弃为代价，不懂得放弃的人往往不幸。曾听说一个女人年逾不惑仍待字闺中。不是她不想结婚，也不是她条件不好，错过幸福的原因恰恰是她想获得太多的幸福，或者说，她什么也不肯放弃。相貌平平者她不屑一顾；有才无貌者她也看不上眼；等到才貌双全了，地位低微又使她的自尊心虚荣心受到极大的刺痛……需知人无完人，如果不愿意适当放弃，不懂得有所选择，总是用那么苛刻的眼光去评判别人，是一辈子都不会寻到意中人的。

正因为知道自己应该何去何从，所以才会有那么多无可奈何的放弃。放弃某个倾慕已久却无缘分的朋友，放弃某种付出却无收获的事情，放弃某种心灵的期望，放弃某种思想。每一次默默的放弃，都会生出一种难舍和伤感，然而这种感觉并不妨碍人的重新选择，从头再来，莫回头看。

不要回头看，这是多么简洁又深刻的真理，当人的过去之城不可避免地毁灭，而人已经幸运地逃到另一片天地的时候，最重要的告诫就是：不要回头看。无论如何遗憾、惋惜，还是万幸都不要回头看，否则人也会变成一座僵硬的石像。当事情已经过去时，不要回头看，大步向前，去追求新的方向与目标。

懂得了放弃，也懂得了深刻

人的一生走过了童年的纯真、少年的快乐、中年的烦恼，渐渐长大、慢慢变老。在这个过程中，人从多少次失败打击中清醒，从多少次挫折坎坷中顿悟。于是有了一次次的蓦然回首，世界上很多事不能过于强求，有时要懂得放弃，要心甘情愿的放弃。懂得放弃的人才是真正聪明的人，一个人只有懂得放弃，才能在放弃中成长。因为人成长的过程，就是在不断放弃的过程。

人都有过许多梦想，但不是每个梦想都可以实现的，当满怀的希望落空时，生活也似乎变得阴暗了。过分地执着于一个不可能实现的梦想，对于人生是一种太过沉重的负担，一种负面的影响，甚至是一种伤害。于是要懂得放弃。正如盛开的花朵为了结出果实，就一定要放弃美丽的容颜；要想拥有星河灿烂的夜空，就必须放弃白昼；要想拥有浪漫的雨中漫步，就一定要放弃自己喜爱的阳光。放弃了过高的奢望，放弃了不可能实现的梦想，脚踏实地，才能活得真实从容，才能走出真正属于自己的路；放弃了不可能的结果，才能重新开始。

有一个年轻人准备长途跋涉去旅行，他想得非常周到，随身带了一个沉重的背包，里面塞满了各种各样的东西，如食品、切割工具、衣服、指南针、药品等。年轻人对自己的背包非常满意，为这次旅行做好了充分的准备。

一位朋友看完他的背包之后，突然问了一句："这些东西让你感到快乐吗？"年轻人愣住了，这是他从来没有想过的问题。他开始问自己，结果发现，有些东西的确让他很快乐，但是，有些东西实在不值得背着走那么远的路。

年轻人决定舍弃一些不必要的东西。接下来，因为背包变轻了，他感到自己不再有束缚，而且还能体会到旅程中的方便与惬意，旅行变得更愉快。这个年轻人就是真正聪明的人，因为他懂得放弃。他放弃了沉重，获得了轻松；放弃了束缚，获得了愉快。

该执着时执着，该放弃时放弃，衡量清楚、知己知彼，才不会太辛苦。苦苦贪恋一个不适合自己的职位，不但会身心疲惫，而且会让自己心力交瘁，因为你不适合，所以你要努力地扭转自己，适应你的工作，努力地去做自己难以承担但工作需要的事情。苦苦追求一份不属于自己的感情，不但迷失了自己，也徒然地浪费了青春和精力，做出不必要的牺牲。

人应该像竹笋一样，每长高一点，就要顶破一层土。人生不是淡泊如烟，不是没有生机，而是像鲜花一样绚丽多彩，如枫叶一般如火如荼。这样一条坎坷不平的漫长征途，既有荒凉的大漠，也有艰险的峡谷；既有宽敞平坦的大路，也有弯曲狭窄的小道。跌倒了，有些人从此一蹶不振，而有的人，却知难而进，为此，他看到了太阳的光辉，看到了人生的美好。

如果你百般努力却成功无期，你不妨学会放弃，换一种活法，或许会让你惬意无比。如果你不再激起别人的热情，你不妨学会放弃，把你绵绵的情思，深深地冻结在心底。如果你面临的是食之无肉弃之可惜的鸡肋，你不如选择放弃，无味的东西，啃下去亦无多少意义。如果你走进一条无处可通的死胡同，你应该赶紧放弃，必要的回头，会让你绝处逢生。如果你得到一个意外的便宜，你应该赶快放弃，便宜的背后，往往隐藏着阴毒的杀气；如果你的成功已达到顶峰，更要学会放弃，激流勇退，给世人留下光辉的记忆。

有时放弃一份感情比开始一段感情要难。因为会有日久情深的恋恋不舍，但是为什么明明知道自己错了，还无法改过来？不是你的，就不要再去争取，明明不存在或不可能的事就要断然放弃。很多事情的结局一开始就已经注定了，做再多的努力也不过徒费心机。既然这样，人何不放弃呢？放弃，何尝不是一种解脱呢？放弃了一个人的爱，但同时也获得了重新去爱别人和被别人爱的权利，得何以喜，失又何以悲？要坚信：一个浪花消逝时，必将激起另一个更加美丽的浪花。

有人说：“得不到的东西永远是最美丽的。”既然明知不可能得到，又何必为此朝思暮想呢？不如面对现实，彻底把它放弃，同时也给自己一个追求新目标的机会。“为伊消得人憔悴！”是否真的能够做到“衣带渐宽终不悔”呢？不如把这份美丽长存心中，好好珍惜和享受一些已经拥有的美丽。

人生如果不懂得放弃不属于自己的东西，就不会珍惜身边的美好并拥有它，结果就会弄得想要的追求不到，本来拥有的也失去了，将可能变得一无所有。只要自己适当地选择执着与放弃，不过于强求，任其自然，往往在不经意间就能找到真正适合自己和属于自己的东西。人应该明白，所有开始都是美丽的，所有结束都是真实的，所有震撼的心情，也许都只是人走向泥潭的借口，所以人都要变得坚强起来，做一个坚强的人，勇敢面对昨天、今天还有明天……

放弃是一种睿智、一种豪气，放弃是真正意义上的洒脱，是更深层面的进取！你之所以举步维艰，是因为你背负的东西太重，你之所以背负得太重，是因为你还不会放弃。功名利禄，常常会微笑着置人于死地。

你放弃了烦恼，从此便与快乐结缘；你放弃了利益，从此便步入超然的境地；你放弃了虚华，从此便获得超脱；如果你能做到连放弃也放弃，那你便很伟大了，你已和圣人无异。放弃，你就可以轻装上路；放弃，你就可以解开烦恼、摆脱纠缠，将整个身心投入在轻松悠闲的宁静中去。

生活有时会胁迫你不得不交出权力，不得不放走机遇，甚至不得不抛下爱情。你不可能什么都得到，功名利禄都是身外之物，要明白今天的放弃，是为了明天的得到。干大事业的人不会计较一时之得失，他们都知道放弃，懂得放弃，如何放弃，放弃什么。所以，生活中不要被虚华所困，多几次放弃，虚华散尽，宁静永存。放弃虚华会改变你的形象，使你显得无欲而豪爽，更能让你赢得众人的信任，从而会让你变得更精明能干，更有力量。

除了你自己，在这个世界上没有什么不可以放弃，因为懂得放弃，也就更能经受得起种种诱惑。学会放弃，懂得放弃，放弃心中所有难言的负荷，放弃浪费精力的争吵，放弃没完没了的辩白，放弃对权力的追逐，放弃对金钱的贪欲，放弃对虚名的争夺……凡是多余的、虚无的，次要的、细节的、该放弃的全部放弃。本来，人生就是一场角逐，若能保持头脑清醒，你在人群之外，在功利之外，就不会成为受伤的角斗士，就能抵挡得了虚华的诱惑，就能放弃对虚华的渴求。

轻载生命之舟

一叶飘摇的生命之舟，从时空的长河中缓缓驶向前方。生命之舟需要轻载，否则太多的行李，会使其不堪负重，甚至有翻船的危险。卸下不必要的行李，轻装上阵，人才能快速顺利地到达成功的彼岸。

一个刚刚诞生的生命，他不会说，不会笑，不会跳，不会闹，也不会思考，他只是沉睡着，远处传来一个声音："你从何处来，要到何处去？"刚刚诞生的小生命也重复道："我从何处来，要到何处去？"

生命之舟在时空的长河中默默而又轻松地前行。忽然，又传来一个声音："等一等！人想与你一同旅行，请载人同去！"向着声音传来的方向看去，只见痛苦与欢乐、爱与恨、善与恶、得与失、成功与失败、聪明与愚钝，一起手拉着手向生命之舟游来。

痛苦从左边上了船，欢乐从右边上了船；爱从左边上了船，恨从右边上了船……待这些人生的伴侣们都进到了船舱，这个飘摇的生命之舟顿时沉重了许多，舱中的气氛顿时也活跃起来，哭声和笑声接连不断从舟中传了出来。

忽然，又一个喊声传来："等一等！等一等！还有人。"随着声音，只见清醒与糊涂、路人与朋友双双携手游来。清醒从左边上了船，糊涂从右面上了船。路人从左边上了船，朋友从右面上了船。

这艘生命之舟有了充实的欢笑，但是也充斥了烦恼，它变得越来越沉重，行动也逐渐迟缓，几个大浪过后，它差一点就被掀翻。这时候，又有一个声音传来："等一等我，别忘了我！我一直在追随着你啊！"这是死亡的呼喊。生命之舟摇摇晃晃地逃走了，死亡紧紧地跟在后面追赶着。

就在死亡要追上生命之舟时，烦恼被抛了下来，生命之舟速度加快了，不一会儿，失败也被抛了下来，生命之舟越来越快，离死亡也越来越远。生命之舟载不动太多的东西，要想使船在抵达彼岸时不在中途搁浅或者沉没，就必须轻载，只取必要的东西，把不该要的统统搁下。

有一个寡妇，为了抚养小儿，辛辛苦苦地教书赚钱。儿子长大成人后，又被送到美国留学。完成学业后，儿子留在国外上班、赚钱、买房子，也在国外娶老婆生子，建立美满家庭和辉煌的事业。寡妇为此欣慰不已，盘算着退休后，带着退休金前往美国与儿子媳妇一家人团圆。每天早晨可以到公园散步，也可以在家享受晚年含饴弄孙之乐。

于是，她在距离退休不到三个月的时候，赶紧给儿子写了一封信，告诉他她就要飞往美国和他们一家团聚。信寄出后，她一面等待儿子的回音，一面把产业、事务逐一处理。

不久，她接到儿子从美国寄来的一封回信。信一打开，有一张支票掉落下来。她捡起来一看，是一张 3 万美元的支票。她觉得很奇怪，儿子从来不寄钱给她，而且自己就要到美国去了，怎么还寄支票来？莫非是要给她买机票用的？她心中涌上一丝喜悦，赶紧去读信。

只见信上写道："妈妈！我们经过讨论的结果，还是决定不欢迎你来美国同住。如果你认为你对我有养育之恩，以市价计算，约为 2 万多美金，现在我添了些，寄上一张 3 万元美金的支票给你，希望你以后不要再写信来打扰我。"

母亲的一颗心由欣喜的巅峰，坠入了痛苦的谷底。自己辛辛苦苦地抚养的儿子，就换来了如此的忘恩负义。她老泪纵横，只觉得一生守寡，从此老年凄凉，如风中残烛，她有些难以接受这个事实。

她心情沉重，几乎难以自拔。一天下来，她就苍老了很多。她望着红彤彤的夕阳，忽然有所觉悟。她想到：自己一生劳碌，没有一天轻松地生活，而退休后，将无事一身轻，何不出去透透气？很快，她就振作起来，为自己规划了一趟环游世界之旅。

在旅行中，她见到大地之美，看到各国不同的民情，于是她又寄了一封信给她的儿子。信上写道："你要我别再写信给你，那么这封信就当作是以前所写的信的补充文字好了。

"我接到了你寄来的支票，并用这张支票规划了一次成功的世界之旅。在旅行中，我忽然觉悟。我非常的感谢你，感谢你让我懂得放宽自己的胸襟，让我看到天地之大，大自然之美。"

人经常听到老人应为子女不孝而痛苦不堪的故事，这些子女的行为的确令人发指，但是作为父母，如果看不开，必然心中怒不可遏，一旦怒气难消，必因怨恨攻心而生病。

病到后来死了，也只在当时留下一段人间不平事，几年后烟消云散，谁还会去凭吊这段往事，且早已在世人的善变下消失记忆，如此，这段往事又有什么意义可言？

反过来人再看看故事中的这个老妇人，她是多么的明智，生命之舟已然负重，又何必和自己过不去，让它更加沉重，直至超载？

人生毕竟是一条单行道，永远没有回头的可能，只有朝着前面的路，奋力前行，才不至于辜负了一生。然而，很多人却忽略了一点，总是在寡情中悲伤，在失意中哀叹，使自己平白地添了许多心事。

人生是不需要带着太多的行李前行的，背着超负荷的行李上路，重担就会压弯了肩膀，使自己透不多气来，在人生的路上非但不能加快步伐，反而会越来越吃力。

有人在为房租太贵而烦恼，但是生活在印度加尔各答的街头流浪汉，从来不必为房租问题烦恼，他们生在街头，也死在街头，然而他们要操心的事情，却是晚上睡觉前能否找到一块破布当枕头。知道了这些，你还在为房租烦恼吗？有人的答案是会的，他们知道世界上很多地方还存在这么多的惨状，那里的人们总是被迫默默接受。

如果你还为某个高雅的餐厅没占到好座位而大发雷霆，为了每个月的收入抱怨不休，因为体重没有减轻而深感懊恼。这不是自寻烦恼吗？

放弃了是否就意味着失败

古人云："有得总有失。"生活中你不可能样样东西都得到，要学会权衡轻重。为了办好一件事情，总得放弃另一些事情，当然这里要掌握"孰轻孰重"。所以鱼和熊掌不可能兼得。当人不得不做出选择或不得不做出放弃时。放弃，并不意味着失败。

美国第九届总统威廉·哈里逊小时候家境贫寒，他沉默寡言，人们甚至以为他是个傻孩子。家乡的人常常拿他来开玩笑。比如拿一枚五分的硬币和一枚一角的银币放在他面前，然后对他说只能拿其中的一枚。每次，哈里逊都会拿那枚五分的，而不去拿一角的。一次，一位妇女见他这么可怜，就问他："孩子，你真的不知道哪个更值钱吗？"哈里逊回答说："当然知道。可如果我拿一角的银币，他们以后就不会再把硬币摆在我面前了，那么，我就连五分也拿不到了。"

当你放弃了一角钱，只拿五分钱时，你得到的可能是以后许多个"五分钱"。"傻"孩子的智谋绝对不是小聪明的表现，里面蕴含着大智慧。

下面这段文字，也讲述了一个关于放弃并非失败的小故事。

从前，有位名为杰西的商人与他的儿子一起出海旅行。他们带了满满一箱子珠宝，准备在旅途中卖掉，并且没有对任何人透露过这一秘密。一天，水手们知道了这个秘密，就合伙商量夺取珠宝，不巧正好被杰西听到，他把听到的全部告诉了儿子。“跟他们拼了！”儿子说。“不，”杰西回答说，“我们打不过他们！”“那把珠宝交给他们？”“也不行，他们会杀人灭口的。”过了一会儿，杰西怒火冲天地冲上了甲板，“你这个笨蛋儿子！”他叫喊着，“你从来都不听我的话！”“老头子！”儿子也嘶哑着回答，“你从来不说一句值得我听的话！”当父子俩相互谩骂的时候，水手们都好奇地围到四周。杰西突然冲向他的小屋，拖出了珠宝箱。“忘恩负义的儿子！”杰西尖叫道，“我宁肯死于贫穷也不会让你得到我的财富！”说完，他打开了珠宝箱，在别人阻止之前将宝物全都投进了大海。

过了一会儿，杰西父子俩都目不转睛地盯着那只空箱子，然后两人躺倒在一起为他们所做的事痛苦不已。后来，当他们单独一起待在小屋里时，杰西说：“我们只能这样做，孩子，没有其他的办法能救我们的命！”“是的，”儿子答道，“这个法子是最好的。”

轮船驶进码头后，杰西和儿子匆忙赶到了地方法官那里。他们指控水手们的海盗行为和企图谋杀罪，法官逮捕了那些水手。法官问水手们是否看到杰西把他的珠宝全部投进了大海，水手们都一致说看到了。法官于是判决他们都有罪。法官说道：“什么人会弃掉他一生的积蓄而不顾呢？只有当他面临生命危险的时候才会这样去做！”最后，水手们只好赔偿了杰西的珠宝才避免了惩罚。

杰西是一个聪明的商人，他懂得“好汉不吃眼前亏”，懂得暂时的放弃并不是最终的失败。最后，他们不是同样获得了成功吗？人生就是这样有得又有失，有时放弃是为了大踏步地前进，是为了更多的拥有。放弃是真正的勇气，也是真正的智慧。

在动物界里，就有许多动物在它们的生命受到威胁时，会自觉或不自觉地“避轻就重”，选择舍弃身体的一部分从而保全生命。

海参是一种软体动物，没有强有力的自卫武器，更没有快速游泳的本领，所以只能依靠身体腹面的管足与肌肉的收缩缓慢行动，很难抵御敌害的进攻。不过海参有护身妙法，当遇到敌害进攻难以脱身时，它便会施展“分身术”，通过身体的急剧收缩，将内脏器官迅速从肛门抛向敌害，转移对方注意，自己则趁机逃走。有许多海参还能从肛门排出毒素回敬挑衅者，敌害往往因此而受到伤害，无奈离去。失去内脏的海参经过几个星期的休养生息，体内就能重新长出内脏。如果把海参切成两段放回海中，经过几个月，头尾两部分就分别能长成一只新的海参。

海星也具有这种高超的“分身术”，它不但会断腕逃生，甚至将其切碎都能继续存活。海星和海参有了这种“丢车保帅”的高超本领，就能逃避敌害，护卫自己的生命。继续生存下去是动物们的最大目标，为了这一目标所做的一切放弃，都是值得的。

象棋中的“车”在整个棋盘中横冲直撞，杀伤力极其强大。但是一旦面临输棋的危险，为了保住“帅”，还是要把这个“车”干脆地抛弃再谋后事。

对于放弃，人们有不同的看法。有人说，放弃意味着失败；有人说，放弃了人不妨从头再来；有人说，放弃不可以轻言；有人说，今天的放弃是为了明天的拥有；有人说：“放弃了，我从此一无所有。”放弃自然有几分不舍，自然要带出些许疼痛，但那又怎样呢？在成功者的眼里，一切永远都是开始，放弃甚至比拥有更重要。

人的一生就是这个样子，人曾以为重要的不可能放手的事情，随着时间的推移都会变得不再重要了。鱼与熊掌不可兼得时，人要坚决放弃，正如放弃了笨重的木筏，才能轻松上路，开始新的旅行一样。

每个人活在世上,都会面临无数的诱惑,在这些诱惑面前人的欲望被充分地激发。所以，人们总是企图更多地占有，以为自己拥有得越多，就会离幸福越近。即便占有的东西对自己来说没什么大用，也不愿舍弃。其实，一切的一切终归两字“虚荣”，但是好多人却宁肯背着虚荣后的无奈、失望与无助，也不愿从心底放弃。

放弃本身就是做出的一种选择，就如面对一道数学题，人必须放弃不对的思路；想清晨出去呼吸一下新鲜的空气，人必须放弃屋里的温暖与舒适；走在街头，人必须放弃不能回到自己家的道路；面对失败，人必须学会放弃脆弱；

面对成功，人必须学会放弃骄傲。放弃了童真人才会长大，放弃了单纯人才能变得成熟，人生就是在不断追求和不断放弃中进行的，只有放弃人必须放弃的，人才能拥有更多人想拥有的。

放弃并不意味着失败。人在一生当中会失去很多东西，不要认为那是老天在惩罚人，那是老天在给人机会，给人重新寻找更大幸福的机会。塞翁失马，焉知非福。老天是公平的，它在让人失去的同时也会让人得到。

所以，在很多情况下放弃是一种新的开始，是人们由失败通向成功的转折点。放弃了暂时的利益，迎接人的才会是接近梦想的天梯；放弃了安逸舒服的工作，人才能更好地挑战新的生活；放弃了心中难言的隐痛，人才可以摆脱折磨。因为客观条件不具备，有许多的事情一时难以实现，这就需要人果断地放弃，用新的事物来填补。

这种放弃，绝不表示没有恒心，没有毅力，而是一种正确积极的人生态度。每个人为了理想与信念会在一生中不断地奋斗，即便因为一些失败而放弃了当前的努力，但剩下的路仍然必须继续奋斗，以另外一种方式来实现自己的人生价值。生活中有苦也有乐、有喜也有悲、有得也有失，学会了放弃，人就会更懂得何谓人生真谛。

学无止境，阔步远行

常言道“书山有路勤为径，学海无涯苦作舟”，无止境地获取知识，是每一个智者所必需的。人要想不断地进步，正因人类几千年积累下来的知识文化，不能在短时间学完。就算把生命几十年的时刻都用来领悟，也还是很有限的。正所谓：吾生也有涯，而知也无涯。尤其在当今这个时代，世界在飞速发展，知识更新的速度日益加快。

一起来看看李嘉诚是怎样通过学习，一步步走上成功路的。

20 世纪 50 年代中期，李嘉诚揣着强烈的希冀和求知欲，登上了飞往意大利的班机去考察一家公司。他在一家小旅店安下身，就急不可待地去寻访那家在世界上开风气之先河的塑胶公司。经过两天的奔波，李嘉诚风尘仆仆地来到该公司门口，却戛然止步。他素知厂家对新产品技术的保守与戒备，也许应该名正言顺地购买技术专利。情急之中，李嘉诚想到一个绝妙的办法：进这家公司去学习。

由于这家公司的塑胶厂招聘工人，所以他就去报了名，被派往车间做了一名打杂的工人。李嘉诚负责清除废品废料，因此，他能够推着小车在厂区各个工段来回走动，但是他的双眼却恨不得把生产流程吞下去。李嘉诚每次收工后，都是急忙赶回旅店，把自己观察到的一切都记录在笔记本上。

他对整个生产流程都熟悉了。可是，属于保密的技术环节还是不得而知。

于是，在假日，李嘉诚邀请数位新结识的朋友，到城里的中国餐馆吃饭，那些朋友都是某一工序的技术工人。李嘉诚用英语向他们请教有关技术，佯称他打算到其他的厂应聘技术工人。李嘉诚通过眼观耳听，悟出了塑胶花制作配色的技术要领。

最后，李嘉诚满载而归，终于凭借着自己善于努力学习的才能，一步步地开创了一番大业。李嘉诚对于事业的激情和在工作中的学习态度，值得他人学习。

再来看看下面这个故事。

明瑞初中毕业之后辍学一直在家。后来，他决定去在城里已经打工三年的表哥那里找一份工作。

表哥做的是力气活，所以，也给明瑞找了一份同样的工作。明瑞对待自己的工作认真，也肯出力，但他看着公司里那些坐办公室的白领却羡慕得不行，因为，他们挣的工资是他的 10 倍。这时，明瑞才意识到知识的重要性。明瑞上班一个月后，就偷偷地利用晚上业余时间去参加电脑培训班学习，随后又参加了高等教育自学考试。

打工的钱，明瑞大都用在了学习上。他的表哥教训他："明瑞，咱们就是出苦力的命，你就别癞蛤蟆想吃天鹅肉了。挣几个钱也该娶个老婆养个儿子了，这才是正经事。"明瑞听了不服气，却也不争辩，只是照样看他的书。就这样三年下来，人家挣了两万多元钱，明瑞却只拥有了一张自考大专文凭、三个培训班的结业证书和满满三纸箱的书。

有个晚上，公司的库房突然失火，他的老板急得几乎是要跪着求大家去救火。员工们都不肯出力，因为库房里有易爆物品，抢救过程中可能会发生爆炸，弄不好会把命送掉，唯有明瑞救火最卖力。后来消防队来了，火很快被扑灭了。

明瑞东的表现给老板留下了深刻的印象。一个星期后，老板把明瑞找到办公室里，亲自塞给他一个厚厚的红包。老板替明瑞倒了一杯茶，就和他闲聊起来。老板没想到眼前这个土得掉渣的打工者看问题、谈经营极有见地，当下拍板让明瑞当了自己的助理。

明瑞做了两年，业绩相当不错。后来，他又被提升为公司副总经理，而他的表哥却换了无数家公司，干的还是力气活。他的工资只有明瑞的 1/20。

一个善于努力学习的人，生活一定会给予他更多的回报。明瑞从一个打工仔，到成为一家公司的管理者，这绝不是偶然的，而是通过刻苦学习、努力进取得到的。

只要对所从事的工作脚踏实地、任劳任怨，而且还懂得不断地为自己充电，不断地提高自身的素质，有志于去努力，就会不断地取得进步。

努力学习，就要掌握最佳的学习方法，就要具备很强的学习能力。要学贵有诚，诚。就是真心实意地学习，而不是走马观花地应付。要学贵用功，也就是下真功夫。要学贵在深，满足是学习的大敌。学习必须从不自满开始，无论取得多好的成绩，也不能停顿。要学贵在用，向他人学习，归根到底是为了提高自己。

未来的竞争实质上就是学习的竞争，谁学习得更快、理解得更深，谁就会走在发展的前列。在竞争日趋激烈的今天，人们面临着社会、技术高速发展和高频变革的挑战，面临着更新观念和提高技能的挑战，因此，就需要建立终生学习的目标。

通用电气公司（GE）首席教育官、发展管理学院院长鲍勃·科卡伦在《人如何培养经理人》一文中提出：

在 GE 内部，一旦你进入了公司，你是来自哈佛大学，还是一个不起眼的学校并不重要。因为，一旦你进入公司，你的表现比你过去的经历更重要。如果从事一项新的工作，你做得不是太好，没关系，我们知道你在学习，你能追上来。我们希望员工的表现高于一般期望值，工作得很出色。不过，期望值不是一成不变的，期望值会随时间而变化。如果你停止学习，一段时间内一直表现平平，而期望值因为竞争的关系，和客户需求和技术进步而上升，而你却不再学习，你就可能被淘汰。要知道在企业，期望值年年上升。如果你今年的销售额达到 2000 万美元，明年就要达到 2200 万美元，而在接下来的年头，你需要做得更多。

如果你停止学习，从个人的角度看这个问题，就像水在涨，而你就站在那里，你不会游泳，就被淹死了。这对你个人和事业来说都是一件坏事。对于每个人来说，学习是十分重要的。从不懂到懂，直到成为专业能手，就是一个不断学习实践的过程。不学习将失去竞争力。

孔子说过“朝闻道，夕死可矣”，人要通过不断地学习充实自己。学习既是人的本能也是做人的瑰宝。没有一本万利的知识。未来社会的竞争，要求人与时俱时，那么就要必须不断地学习。这样人才能在今天这个竞争激烈的社会中立于不败之地。

给自己一份光明

当人们每天面对着明朗的天空、灿烂的阳光、美丽的鲜花、青翠的绿叶时，不禁会感叹生活是多么美好！活在世上是多么幸福！然而，人却总是不能控制自己的忧愁，不能左右自己的心态，并对自己这样的心态无可奈何。因为人总是渴望改变不能改变的过去，总是幻想自己能再来一次，不停地活在过去。

人在社会上，如果走不出过去的门槛，就不会真实地活在现在，因为过去和现在是这么截然不同。你走不出过去，就是在制造不和谐，就是让自己脱离现实、脱离生活。活在记忆中的人是可悲的，他的痛苦和欢乐都已经是过去了。他不愿意走出黑暗，也预想不到光明。他不知道和谐快乐会给人怎样的振奋和激昂，所以当人们看那些忧郁愁闷的人，正如同看一幅糟糕的图画一样。这就是情绪在不停地作怪。

一个人不应该做情绪的奴隶，一切行动皆受制于自己的情绪，人应该反过来控制自己情绪。当你心情不好的时候，当你发现自己因怀念过去而悲伤或兴奋的时候，及时地告诫自己要冷静，要现实，给自己一颗定心丸，控制自己不去想。无论你的心境怎样的不顺利，你也要努力去支配你的心境，把自己从黑暗中拯救出来。

有这样一个故事，一天，农夫的驴子不小心掉进了一口很深的枯井。农夫没办法将驴子救出，只得找了几个人帮忙铲土把驴子埋掉。一开始，驴子在黑暗的井底悲哀地鸣叫着，但很快就没有了声音。农夫找来手电筒一照，让他大吃一惊的是，每一铲土下去，驴子都迅速地把它抖掉，并且都垫到了脚下。最终，驴子跑出了枯井。对于身陷枯井的驴来说，如果它只是悲哀地等待，那么每一铲土都是埋没它的致命武器。但是，聪明的驴却及时地抖掉了每一铲土，甚至成功地利用了它们！面对可怕的黑暗和困境，驴子自己拯救了自己。

由此可见，当一个人有勇气从黑暗中抬起头来，才有机会看到射来的那一束光亮，向着光明走去，把阴影留在后面。当你心情无法平静下来时，抬起头来闭上眼睛想想，其实我们已经有过无数次的失望，再多一次又何妨？生活，想象很完美，现实很无奈，许多时候，生活并不由我们自己能解决的；世上有一些东西，也是我们支配不了的。静能安心，怒则生火，喜能化忧，淡则释焦，一切得意和处变都自在心中，自己别太累就好。

所有事，苦也好，甜也好，看淡了苦，欣然接受每一次失落与馈赠，生活就会美好；所有梦，空也好，得也好，知道了空，相信自己，坦然面对，揣着梦想，人生就有希望；所有路，弯也好，平也好，都必须去走，守一份宁静安然，继续而行，前面就平坦。每天给自己的一个好心情，天空会更晴朗。

迷惘时，不要刻意去回避；清醒时，尽力去做自己想做的事情。痛苦是生命的航程；欢乐是人生的驿站。不苛求做完美的自己，无论好与坏，不管喜欢不喜欢，欢笑着接纳，付出真诚与倾心，温暖自己温暖别人，就是美的。透过灿烂的晨曦，稳健地迈出生活的每一步，未来的日子温暖无比，也是对生命的敬重和热爱。

生命中的一切事情，全靠人的自我调控能力，以及正确地把握自己和对生命存有希望。唯有如此，方能活出精彩，活出动力。然而人们总是摆脱不了怀旧的心情，往往让恐惧、怀疑、失望或留恋的感觉占有自己。对过去的放不下，导致自己也拿不起现在应该拿起来的东西，丧失了自己的意志，以致使美好的愿望之城毁于一旦。有很多人如同从井底向上爬的青蛙，辛苦地向上爬，但是就是因为不停地往下看，不停地看自己已经爬了多少而失足、前功尽弃。

不要看自己已经走了多少路，以前的成果只代表以前的自己，以后的路又有不同，只有掌握好自己，做好每时每刻，才能让自己一路留香。生命的意义就是实现自己的价值，首先要清除心中快乐和成功、悲伤和失败的记忆，其次要集中精力，坚定意志。只有拥有良好的心态，高筑意志之墙，才能快乐每一天、时时刻刻精彩。

第2章

适时放手，做从容的自己

做好人生的减法

在每个人的眼中，人生是不一样的，文学家说人生是一首小诗，抑扬顿挫之间也有百转千回；音乐家说人生是一支乐曲，由高高低低的音符组成；历史学说人生不是文物古迹，只有向前看；而数学家则认为人生其实就是一道加减法。

有时，人生需要加法，需要用名利、知识、成功、富贵等来增加自己人生的砝码。但有时也需要用减法，远离名利、看淡成败、安于淡泊。老子曾说："知足不辱。"宋代林逋在《省心录》中说："饱肥甘、衣轻暖，不知节者损福；广积聚、骄富贵不知止者杀身。"

无论是先秦时期的老子，还是宋代的林逋，他们都劝导人们要知足、节制、知止，其实质上就是说人生需要减法，需要放下人生那些不必要的牵绊。减法的人生要舍。繁华退尽，才能返璞归真。人将自己归零，回到最初的原点，这才真正体会到退一步海阔天空的舒畅与喜悦，也获得了从来没有感受过的自由与充实。这的确印证了"有舍才有得"的古语。

杨澜可谓是实践人生减法的典范。当年，她在《正大综艺》如日中天的盛名中转身离去，这需要多大的勇气。当她决定做一道由名人、明星到记者、普通人的人生减法时，也许并没有预知她今天的成就。杨澜对这个问题不置可否，她说："父亲在很早的时候就给了我一个坐标，他让我知道什么是值得羡慕、什么是不值得羡慕的。”

人生需要减法，人要反复对自己说：“生命不是一桩紧急事故。”约翰·列侬曾经说过：“生命就是人忙着做其他计划的时候，所发生的一切。”当人们忙着做“其他计划”时，孩子正忙着长大；所爱的人在逐渐远离、死去，身体不知不觉地变形；梦想也偷偷溜走。换句话说，人们错过了人生。我国古人的养生之道是谓养神，养生之末才是养形。其中所谓的“养神”就是调养与保护心理，也就是今天的心理保健。当你真的能保持一种恬淡虚无的境界时，你自然就会“节嗜欲，戒喜怒”“常含乐意不生嗔”。最终达到气、精、神三者的和谐统一以及身心的和谐统一。这时，你的人生、你的事业、你的爱情以及你的一切都会进入一个更美好的世界。

做好人生的加法，可以使生命生机勃发，摇曳多姿，最终成就社会的辉煌。然而，由于社会是一个错综复杂的系统，有着自己的“游戏规则”，因此，每个人在实现人生目标、体现人生价值的同时，应放弃一些东西，做好人生的“减法”，以保证自己目标明确，轻装前进。

做好人生的“减法”，就要懂得舍弃、敢于放弃，勇于抛弃。舍弃那些可有可无的，放弃那些于事无补的，抛弃那些有害无益的，如同园艺师修剪掉那些多余的枝条藤蔓，或雕塑家剔除掉那些疵点赘块。如此，人生之舟才能快捷、平稳地抵达理想的彼岸，尽览生活的美景，领略人生的醇酿。

做好人生的“减法”，是一种智慧。人的一生不过百年，除去懵懂孩童时代和老病的黄昏时光，不过短短几十年。在有限的时空中去感受无限的世界，每个人都必须做出选择：选择自己最渴望的，舍弃那些不重要的；选择自己最合适的，放弃那些能力不及的；选择那些促使自己跑得更快、跳得更高、变得更强的，抛弃那些损害、影响自己发展的。“有为，有弗为；知足，知不足。”这是一种选择，也是一种智慧。

做好人生的“减法”，是一种境界。有取有舍，有礼有节，有度量有分寸，非平常心者不可得。老子曰：“祸莫大于不知足，咎莫大于欲得。”月盈则亏，过犹不及，懂得并身体力行人生减法者，自然就踏入了人生的另一种境界。比尔·盖茨纵横捭阖，但他始终保持着清醒和理智，该放放、该收收，不但捐出 580 亿美元设立盖茨基金，而且正值壮年就辞去了公司董事长的职务。大量事实证明，许多功败垂成或身败名裂者往往是不懂进退，没有用好人生的减法。

“细雨湿衣看不见，闲花落地听无声。”人生的减法，不是保守退让，不是消极避世，更不是无所作为，而是一种大智慧，大境界。愿我们每个人在做好人生加法的同时，也能“删繁就简三秋树”，乾乾自守，做好人生的“减法”，谙进退之道，明舍得之理。

在人生的选择题面前，我们都应该学会做减法，剔除那些不适合我们的一切！年少时，我们精力不济、能力不足、智力不逮，我们会自觉舍弃、删除那些心有余而力不能及的目标，事业有成时做减法，更考验一个人的悟性、耐心和定力。古代的养生方式就是：少思、少念、少欲、少事、少语、少笑、少愁、少乐、少喜、少怒、少好、少恶。其实，做减法，也是在做加法，减去了那些不切实的、不恰当的人生计划，必定还我们一个更加充实、更为和谐、更有尊严的人生！

生活需要简单

随着社会节奏越来越快，人们总觉得自己过得很辛苦，没有幸福感。其实呢？我们需要一个平和的心态去面对生活中的一些问题，比如金钱、事业及家人。我们经常看到太阳每天升起又落下，月亮每天落下又升起。迎来白天送走黑夜，送走黑夜迎来白天。年年如此，岁岁如此。宇宙天体运行简单至些，生命亦应简单如此。所以，生活需要简单。

许多人过得不太开心，可能是因为自己想要的得不到，得到的又不能让自己满足，对自己想要的东西的渴求总是越来越深。简单生活应该是简单而有意义的生活，和谐、悠闲、幸福。一个流浪汉和一个百万富翁同样可以过简单的生活，充分享受人生的乐趣；一个 8 岁的孩子和一位耄耋老人如果认同简单的做法，他们也同样可以更充分地享受生活的乐趣。“简单”的关键是人自己的选择和内心感受。就像素食主义只是简单主义者的一种选择，但并非简单生活的目的。

简单，其实是一种全新的哲学。头上是万里无云的朗朗晴空，手中是沁人心脾的冰镇啤酒。“独身漫游者”俱乐部的一些成员来到这漫漫荒原来享受一个下午的快乐时光。

这数十名俱乐部成员全都是头发灰白的老者，而且全部都是单身人士。他们聚集在一簇簇风滚草旁开始饮酒、讲故事。这个俱乐部是在西部的高速公路上打发光阴的、人数越来越多的退休者大军中的一支队伍，斯拉布城是他们的最新休憩地点。他们在临时搭起的帐篷上空升起美国国旗，国旗在沙漠的疾风中呼呼作响。

伊尔玛·鲁思和她的两位朋友倚靠在一辆满是泥土的汽车后面。她自豪地说："我从 1991 年起就成了全职旅游者。这样的生活真自由啊。"他们三个人全都 60 多岁了。

霍西·罗恩插言说："你会意识到你根本不需要你的那些家当，而且一路上你会有许多新的发现。"

埃尔伍德·威尔逊问道："你以为人会愿意整天闲坐着不动吗？"他喝下一大口米尔沃基啤酒后说："绝非如此。"上年纪了，住进退休者之家，日夜守在电视机旁，周日没完没了地招待儿女和孙辈，谁愿意过这样的日子？他们大家所向往的是没有尽头的公路，尤其是西部那些一流的高速公路。

漫游在公路上像斯拉布城这样的地方宿营的老年人究竟有多少，没有精确的统计数字。但是研究这种文化现象的学者相信他们的人数在 100 万以上，而且他们的队伍还在迅速扩大。现在已经有了专为以公路为家的老年人服务的医疗保险计划、网址和宿营地。

这都是由于提前退休的人有所增加，医学的进步使更多的老年人健康长寿，有了像佛罗里达公寓一样舒适的新型车辆，把以公路为家变成了一种比较容易适应的全新的生活方式。

因此，许多人卖掉房子，把家当存放起来，把终生的储备兑换成金钱，然后告别自己旧有的生活方式。他们乘坐各式各样的车辆，冬季穿行于西部广袤的沙漠，夏季漫游于太平洋西北沿岸茂密的森林，然后再转动方向盘，开始新的游历目标。

有些人在公路上生活得太久了，以至于对任何其他生活方式都不能接受了。退休护士佩吉·韦布自 5 年前和她那退役的丈夫卖掉房子，就一直驾车漫游。一天早上，她一边在画板上练习绘画一边说："我从未想到我会有这样的勇气。

但是，我们的孩子都长大成人了，人住在空空荡荡的房子里，不知道该干什么。于是我们便上路了。现在我认为，我永远不会再像以前那样生活了。”

也许，这种生活方式该算最彻头彻尾的“简单生活”了。

西方包括美国的许多人，早就在提倡过一种“简单的生活”。他们试图离开汽车、电子产品、时尚圈子，看能不能活得快乐，这被称作“草根运动”，他们强调简化自己的生活，并非完全抛弃物欲，而是要把人们分散于身外浮华物上的注意力移出适当比例，放在自身上、精神上、心灵情感上。过一种平衡和谐从容的生活，一个真正有感知的人的生活，实质是提升生活品质。

简单化是一种心灵的净化，它是安定、整顿、率直、单纯，通常表现在诸如简单的饮食、更有规律的日常作息这种简单的生活方式上。换言之，简单化就是在喧嚣的世俗里增加一份安静，增加一份安宁。

不追求名车别墅，不垂涎山珍海味，不赶时髦，不扮贵人，放弃那些占据人生活和心灵的杂物，过一种简单自然的生活，一种外在的财富也许不如别人，但在内心却享受充实富有的生活。这是自然的生活，有劳有逸，有工作着的快乐，也有与家人共享天伦的温馨、自由的闲暇。

人应该追求简单的生活，真正的幸福是发自内心的，选择一种简单的生活就是挣脱心灵的桎梏，回归真我，放弃烦琐和复杂。简单的生活是快乐的源头，为人省去了多少汲汲于外物的烦恼，又为人开阔了多少身心解放的快乐空间。简单而艺术的生活应该是大多数人所向往的一种至高境界。

卡尔逊说，生活不是自甘贫贱。你可以开一部昂贵的车子，但仍然可以使生活简单化。一个基本的概念在于个人想要改进自己的生活品质而已。关键是诚实地面对自己，想想生命中对自己真正重要的是什么。人在一开始的时候总会很清楚地明白自己想要的是什么，但总会随着身边的变化，生活的不易慢慢的遗忘当初自己许下的愿望。

这时候你应当停下自己的脚步，回首看看自己一开始许下的愿望，你会发现原来自己给这个愿望添加了太多的包袱。当你能清楚地认识到这一点的时候，你一定会觉得如释重负，简单的生活不过是减少自己的想法而已。

总之，过简单的生活，就是以最简单的、最符合心灵需求的新生活方式，以替代目前日渐奢侈、日渐繁冗的生活，还心灵的安宁与单纯，从而摆脱沉重而乏味的人生。

在你的人生中应该有决绝的放弃

放弃不是偶然而是必然。当机会不可兼得时，这就需要选择，就必须要有放弃。否则，两手都抓，到头来很可能发现自己落个什么都没得到的下场。所以明智的放弃，要敢于放弃，只有放弃，才有机会拥有。

记得有一首歌的歌词大概是这样的："如果全世界我都可以放弃，至少还有你值得我去珍惜……也许全世界我也可以忘记，就是不愿意失去你的消息。"人不必去探究选择的正确与否，毕竟每个人都有不同的顾虑。但是，在做出选择的时候，舍不得可以说是最常见的问题和苦恼。

有一头驴子，它肚子很饿，而在它前面两个不同方向上等距离地有两堆同样大小、同样种类的草料。驴子犯了愁，由于两堆草料与它的距离相等，而且又是同样的数量和质量，所以它无所适从，不知应到哪堆草料去才是最短距离，才最省力气，于是在犹豫愁苦中饿死在原地。

眼前大堆的草料却只会看着，驴子的死是愚蠢的悲哀，不懂得选择和放弃害了自己。其实，选择任何一堆草料对驴子而言都是对的。当两个相似的东西你却只能拿其中一个的时候，毫不犹豫地去拿一个就好了，不用太过算计拿了哪个才更占便宜，因为"任何一堆草料都能喂饱驴子"。

后人把类似驴子这种犹豫不定、迟疑不决的现象称之为"布里丹效应"。古人讲："用兵之害，犹豫最大；三军之灾，生于狐疑。"可见，"布里丹效应"

是指挥决策之大忌。当布里丹的驴子面对两堆同样大小的草料时，其结果只有两种：它或者“非理性地”选择其中的一堆草料，或者“理性地”等待下去，直至饿死。这两种做法，哪一种更高明，聪明的读者一看便知。

是执着的选择，还是明智地放弃，相信你早有决断。会选择更要会放弃。生活中，人们到处面临选择。选择轰轰烈烈、死去活来的爱情，还是选择平淡无波的恬淡关爱？选择能让自己站上世界舞台的事业，还是选择每天都能够开心地跟心爱的人共进晚餐？

有时候，放弃是不得不做的选择。可是能够完全放弃的人并不多。更多的人都在所有的选择面前犹豫不定，左右摇摆。人之一生，需要放弃的东西很多，因此必须勇敢地面对放弃。几十年的人生旅途，会有山山水水，风风雨雨，有所得也必然有所失，不能够坦然面对放弃，就会陷入痛苦之中。

例如大学毕业即将分手的时候，当同窗数载的朋友紧握双手，互道珍重的时候，每个人都止不住泪流满面……放弃相聚固然于心不忍，但是每个人毕竟都有各自的前途，又怎能长相厮守呢？固守着一位朋友，只能挡住人的视线，让人错过一些更为美好的人生机缘。学会放弃，人才能拥有更为广阔的友情天空。

会选择，更要敢于放弃。因为选择，同时失去。这是一种更替和交换。要正确地看待放弃，面对应该放弃的东西不要狠不下心来放弃。现在你不放弃，以后就会成为你前进的障碍，成为旅途中的包袱，成为生命的负累。

要从从容地面对人生选择。一首耳熟能详的歌中唱道：“曾经在幽幽暗暗反反复复中追问，才知道平平淡淡从从容容才是真。”如果失去不能避免，何不从容选择，果断放弃。罗大佑的《童年》《恋曲 1990》等经典歌曲影响和感动了一代人。有谁知道他起初是学医的，事实证明，音乐才是罗大佑的最好选择。

篮球飞人乔丹成名前曾尝试转行到一家棒球队打棒球，但只取得了很一般的成绩悻悻而归。伽利略是被送去学医的。但当他被迫学习解剖学和生理学的时候，他却偷偷地研究复杂的数学问题。正是因为这种选择和放弃，才促使他年纪轻轻就从比萨教堂的钟摆上发现了钟摆原理。而莎士比亚的成名之路，更是充分证明了选择和放弃对人的一生是多么重要。

斯特拉福德镇附近有一座贵族宅邸，主人是托马斯·路希爵士。有一天，刚二十出头的莎士比亚伙同镇上几名好事之徒，扛着大枪溜进爵士的花园，开枪打死了一头鹿。结果莎士比亚被当场抓住，在管家房间里被囚禁了一夜。莎士比亚在这一昼夜间受尽侮辱，释放后便写了一首尖刻的讽刺诗，贴在花园的大门上。这下子惹得爵士火冒三丈，扬言要诉诸法律，严惩那写歪诗的偷鹿贼。于是莎士比亚在故乡待不下去了，只得踏上去伦敦的旅程。正如作家华盛顿·欧文所说："从此斯特拉福德镇失去了一个手艺不高的梳羊毛的人，而全世界获得了一位不朽的诗人。"

放弃，需要的是果敢与决断，进行周密无悔的判断，下定一往无前的决心，然后破釜沉舟，果敢行事。生活，需要我们学会争取，也要求我们学会放弃。如果你感到太苦太累，如果你有太多的心事和烦恼，如果你失去了表现真我的机会，如果你的生活被众多的迷雾遮住了眼，不妨简化你的生活，放弃不必要的或者是本就不属于你的东西。

放弃是一种智慧

老子说：“五色令人目盲；五音令人耳聋；五味令人口爽；驰骋畋猎令人心发狂；难得之货令人行妨。”在人的一生中，放弃是一个人精神内涵的自然流露，也是一种人生智慧，面对纷繁复杂的人生，应做到知其可为而为之，知其不可而弃之。放大自己有限的生命，让生命焕发多姿多彩的绚丽。

每个人都有弱点，都有阻碍自己成功的一面。对那些如影随形粘连在身上的种种不如意，以及造成这些不如意的所有缺点和不足，必须端正自己的心态，正确调整自己，把不该有的思想、意识彻底铲除。

商人生意失利时说要学会放弃，那是因为他无力挽回当前的局面；做官的人丢了官，故作坦然地说一声“学会放弃”，那是因为他内心失落进行的自我安慰；几年的恋人跟了别人，自己只有暗暗流泪，当着别人的面洒脱地说一句“学会放弃”，背后的辛酸只有一个人默默承受。

其实真正的放弃是一种大弃无言，是一份默默的忍耐，是一声发自内心的爽朗的笑，是坚定自己，不随波逐流，不左摇右摆。无论别人讥讽、挖苦、冷眼或是疏离，我依然是我，不会因为别人的一句话或一种态度而改变自己。

放弃需要睿智，该得时你便得之，该失时更要果断地让它失去。有时你自以为得到了某些时，可能失去的会更多；有时你以为失去了不少，却可能获得了很多。不以得喜，不以失悲。竭尽所能去争取，管它花开花落，云卷云舒。

记得有这么一个故事：

聪明的农夫猜到老鼠会来偷吃仓库里的粮食，所以事先挖好了一个可以让老鼠空腹钻进去的小洞，只要老鼠随便吃一点粮食就不能钻出来，到时只需“瓮中捉鳖”了。老鼠不知道农夫的计谋，看到有这种便宜可占，一狠心饿了两天，顺利地钻入了粮仓，但当它美餐一顿以后却怎么也爬不出来了，所幸的是农夫忘记了这回事，老鼠才在忍饿两天后钻出小洞，逃之夭夭。

从这则故事中人应该受到深刻的启迪：懂得放弃，舍得放弃。

放弃是智者面对生活的明智选择，较小的事务应该为较大的事务而牺牲。只有懂得放弃的人才会拥有海阔天空的人生境界。

《小猴子下山》讲述了这样一个故事：两手空空的小猴子路过玉米地时，摘了一捧玉米；当它走过一棵桃树时，便扔了玉米去摘桃子；当它走过西瓜地时，又扔了桃子去摘西瓜；当它看见兔子时，便又扔了西瓜去追兔子。结果兔子没追上，只能仍旧空着两手回家。

如果猴子能够放弃眼前的诱惑，它也不至于最后弄得两手空空。小猴子的故事揭示了一个不小的道理：放弃是一种量力而行的睿智。

大观园里的王熙凤，精明能干远胜于贾府中任何一个男子，但她太争强好胜，万事劳心，终为所累。人是血肉之躯，精力有限，时间有限，在生活中应该学会取舍，取其要者而为之，不要者而舍之，不为琐事劳心伤神。身体是革命的本钱，一旦身体受损，皮之不存，毛将焉附！

放弃是一种顾全大局的果敢。放弃需要勇气、信心和胆略。面对全军覆没的危机，有胆略的军事家会说：三十六计，走为上策。面对即将破产倒闭的厄运，有眼光的企业家会说：留得青山在，不怕没柴烧。而落水的财主，因舍不得腰间沉甸甸的铜钱而最终命丧黄泉。

放弃是一种泰然处之的大度。汲汲于名利者永远不知满足。金山银山，换不来会心一笑；机关算尽，只留得千载骂名。放弃并不代表失败和气馁，明智的放弃是为了更少地失去。更多的时候，选择了放弃，也便选择了成功和获得。

勇于放弃的人往往是赢家。

某人所学专业很好，家境也不错，在单位的十年间他不断给自己“充电”，先自修英语、计算机，又拿了驾驶执照，谁也不能说他不曾努力过。然而一次次在工作之余匆匆参加招聘会，一次次权衡利弊最终因为有一匹“劣马”可骑而迟迟下不了决心，怕一失足摔得很狼狈。等单位破产才打算拼搏时年龄已大，竞争力大打折扣。另一位同事则相反，他在上班第二年便毅然辞职去了广东，期间也曾有半年找不到工作的时候，可几经努力最终站稳了脚跟，月收入也达到一万多元。

事实证明，孤注一掷、自谋生路的人大多走出了一条新路，而骑驴找马的人最终却很难找到马，白白虚度了人生中的黄金十年。古人云：“不破不立。”放弃是必要时必须经历的痛苦抉择，尤其是对于那些有一匹“劣马”可骑的人而言更需要勇气。不冒一点被淹死的风险是永远学不会游泳的。

失之东隅，收之桑榆。很多时候，埋没自己的人恰恰是自己。成功的路不止一条，不要循规蹈矩，更不要放弃成功的信心，此路不通，换条试试。

放弃是一门艺术。在物欲横流的今天，需要你做出选择，做出放弃。与其说是抉择得当，不如说是放弃得好。人生短暂，要想获得越多，就得放弃越多。那些什么都不舍得放弃的人，是不会有多少获得的。其结果必将是对自身生命的最大的浪费，让自己一生都在碌碌无为之中。放弃是一种让步，让步不是退步。让一步，避其锋，然后养精蓄锐，以便更好地向前冲刺。放弃是量力而行，不必明知不可而为之。

放弃不盲目，不狭隘，它是一种睿智，是一种豁达，是一种宽松的心境，有了它，人生才能有爽朗坦然的心境；有了它，生活才会阳光灿烂。所以，当你百事烦心的时候，千万别忘了，在生活中还有一种智慧叫“放弃”！

既然已经过去，何必再重新掀起

在很多人的心中，总有一些事情是很难改变的，哪怕周围人如何劝告，但不容易做到。是啊，没有理由把美好的过去忘记，没有办法抹去过去那一份悲伤。有时候人们有意识地摆脱过去，那是因为被过去背叛。这就像是人很爱过去，但过去并不爱人一样。人装出不在意的样子，继续奋斗，好像在惩罚不友善的命运之神。

几米说过："生命中，不断有人离开或进入。于是，看见的，看不见了；记住的，遗忘了。生命中不断有得到和失落。于是，看不见的，看见了；遗忘的，记住了。"记忆中掺杂着太多的忽然忘记，忘记中闪烁着永远的记忆，来来去去中，只有时间这样真实地流淌过，经历不会像电影一幕幕重演，辉煌或失败都似曾相识，只有做好自己，做好现在。

有这样一个故事，一个著名演员，年轻时刻画了一个轰动全球的角色，可是从那之后再也没有过出色的表演，他太过耀眼，耀眼得没有角色适合他。而没有了演技的磨炼，他始终无法突破自我，最后整日酗酒，郁郁而终。

快乐并不是拥有更多时才有，而是懂得享受已经拥有的，痛苦是短暂的，快乐是永恒的。埋在昨天，为已逝的过往哀悼，只会埋葬自己的青春，阻碍自己前行的脚步。

忘记不是人能主宰得了的，很多时候人是真的无法忘记，因为曾经被过去这样深深地刺痛过。只有时间才能把记忆磨掉，在忙碌中去等待吧，在无暇顾及中褪尽昨天在人心头烙下的痕迹。

尽管忘记过去是十分痛苦的事情，但时光不会倒流，过去既成事实，便不会再发生，人只能幻想假如时光会穿梭，幻想自己还可以重新来过。无论何时，只要人因为过去发生的事情而损害了目前存在的意义，人就是在毫无意义地损害自己。

不要再沉湎于过去，不要再去回忆昨天，不要在泪眼蒙胧中迷失前行的路，总是希望重温旧梦，就会不断地扼杀现在。因此，人应该强调学会适当地放弃过去，放弃昨天。

“人无远虑，必有近忧”，如果胸无大志，没有奋斗的方向和计划，没有自己的思想，那么，人就会被眼前鸡毛蒜皮的小事所困扰，整天活在记忆的围城里不能自拔，为以前的事情斤斤计较。时间一长，就会觉得什么东西都看不顺眼，什么事情都干不顺心；就会感觉活得很累，看不到鲜花，看不到阳光，看不到希望，只觉得眼前纷繁芜杂，茫茫一片，不期待明天会怎样，甚至不想过到明天。

人注定要承载苦难，注定在拥有中失去，注定走过昨天，注定要坦然面对一切的一切。要知道，过去永远不会回来了，回忆过去只能伤害自己的感情，甚至会害了自己。

忘记是自由的开始。忘记过去的伤痛今天才会快乐，忘记过去的辉煌今天才会更加积极。不要以为自己已经一无所有，也不要以为自己一直站在高山之巅。

在人的生命里有着太多慢慢过往、慢慢褪色的约定和承诺。就像那飞越沧海的蝴蝶。大海太广阔蝴蝶飞不过去终会折断翅膀，可是不飞过去又会寂寞而死，美好最终像星光一样陨落。

那尘封已久的过往，那人、那物、那承诺都已成往事，随风而去，留下的只有绵长的记忆与永流不尽的泪水。但是不管你怎样感动，它们都已经成为你的历史，成为你思想上的古董了。

岁月流沙，所有的记忆都会遗失，不要让它们沉淀成坚硬的砾石，在前进中绊倒你。物是人非，物不是人亦非。时间会让记忆变得模糊，过去总会消失得无影无踪。你现在之所以为昨天感动，为昨天流泪，是因为你还没有经历明天更能让你感动，更能使你流眼泪的事情。

生命还很漫长，人没有那么的泪水供自己挥霍，“想眼中多少泪珠儿，怎经得春流到冬，秋流到夏”。林妹妹的时代已经过去了，在当今社会，林妹妹是无法生存的，而且从健康方面讲，过多地伤心流泪会导致大脑迟钝，太过忧心会缩短人的寿命。

因此，不要为昨天流泪，放弃过往，不管过去辉煌还是失意都不要一味沉湎，别让往事挡住你的视线。有人说：“明天不一定会更好，但更好的一定在明天。”把目光放远一点，学会高瞻远瞩，学会放弃昨天，逃离昨天，逃离过往。

一天，保罗博士在实验室讲课。他把一瓶牛奶放在桌上，沉默不语。学生们不明白，只是静静地看着老师。忽然保罗一巴掌把那瓶牛奶打翻在水槽中，同时大喊了一句：“不要为打翻的牛奶哭泣！”然后他叫学生们到水槽前看，“我希望你们永远记住这种经历，牛奶已经淌光了，不论你怎样后悔和抱怨，都没有办法再取回一滴。你们要是在事前加以预防，那瓶牛奶还可以保住，可是现在晚了。人现在所能做到的，就是把它忘记，然后注意下一件事。”

请记住：千万别为打翻的牛奶哭泣！牛奶打翻在地已经是事实，再怎样补救也无济于事。它不会吝惜你的眼泪，也不会为你所感动。你唯一能做的就是：忘记它，然后注意下一件事！过去的已经过去，过去不能改写，只有重新开始，为过去哀伤、遗憾，除了劳心费神、分散精力之外，没有一点益处。

“不要为打翻的牛奶哭泣”，这是美国著名企业家、教育家、演讲家卡耐基曾说过的话。卡耐基在他事业刚刚起步的时候曾经在密苏里州举办了一个成人教育班，成功后又迅速地在全国各大城市开办了许多分部。由于没有经验又疏于财务管理，在他投入很多资金用于广告宣传、租房、日常的各种开销之后，他发现虽然这种成人教育班的社会反响很好，但自己所取得的利润并不高，自己一连数月的辛苦劳动竟没有什么回报，收入刚够支出的，几个月下来自己是白忙活了。

卡耐基为此很是烦恼，他不断地抱怨自己疏忽大意。这种状态维持了好长时间，他整日闷闷不乐，神情恍惚，无法进行刚刚开始的事业。后来，卡耐基只能去找他中学时代的老师乔治·约翰逊，向他寻求心灵上的帮助。老师听完卡耐基的话之后，真诚地对他说："是的，牛奶被打翻了，漏光了，怎么办？是看着被打翻的牛奶哭泣，还是去做点别的。记住被打翻的牛奶已是事实，不可能重新装回瓶子里了，我们唯一能做的，就是吸取教训，然后忘掉这些不愉快。"

老师的话如醍醐灌顶，使卡耐基的苦恼顿时消失，精神也为之振奋。他重新投入到他热爱的事业中来。后来卡耐基常常把这句话说给他的学生，也说给自己听。有一位学员多年之后回忆听课时的情景，还颇有感触地说起卡耐基曾说过的这段话。

莎士比亚说："聪明的人永远不会坐在那里为他们的损失而悲伤，他们会很高兴地想办法来弥补他们的创伤。"值得注意的是，直到现在，还有很多人自觉或者不自觉地遵照他的话在做。

著名化学家诺贝尔在一次试验中，不慎引发了一场大火，他最亲爱的弟弟在大火中不幸遇难。诺贝尔的内心充满了自责，他觉得无法面对母亲、面对家人，曾想就此放弃研究。所幸的是，经过一段时间后，他的心里平静下来。他想，弟弟是为此而死的，如果自己就此放弃事业，弟弟的死将毫无价值。于是他重新振作，最终取得了成功。

上帝让身处糟糕地位的穷人陷入更糟糕的处境，以此来说明，你的处境虽然很糟糕，但还不是最糟糕的，你还没有到绝望的时候。

奥斯卡获奖影片《苏菲的抉择》，讲述了一个从奥斯维新集中营里出来的波兰女人的故事。

影片一开始，苏菲已经来到了美国，可是她依然生活在噩梦中。所有她爱的人，她的父亲、母亲、丈夫、情人、儿子、女儿都死去了，只有她活了下来。她无法原谅自己，因为自己崇拜的教授父亲变成了一个纳粹种族主义的狂热信徒和倡行者；自己的丈夫和情人被德国的盖世太保所杀。在集中营里，德国人"恩赐"给她一个机会，让她在自己的儿子和女儿中选择一个留下来（另一个就会被送进毒气室），苏菲绝望地说："把我的女儿带走吧！"在苏菲的心灵深处，她认为自己不配再拥有爱情、家庭和孩子，最后，她选择了死亡。相信看过这部影片的人，没有人会觉得苏菲应该受到谴责，即便她曾试图讨好自己的敌人，曾选择让女儿去死。当面对一个深爱她的、头脑正常的年轻人的求婚时，所有人都希望苏菲能开始新的生活。然而她没有办法让自己那样去做，恐惧、自责压倒了她，从集中营里活过来的苏菲，没能战胜自己，她听从了死亡的召唤。相比之下，另一部灾难影片《泰坦尼克号》却让人们看到了另一个结果：露丝在一场大劫痛失情人之后，选择了新生。

这样悲情的影片，赚取了多少人的眼泪。因为过失，因为执着，每个人都有伤心的理由。在人的一生中，谁敢说自己从没犯过错误？就连拿破仑，这个不可一世的伟人，也在他所有重要的战役中输掉了三分之一，或许人的平均纪录并不比拿破仑更差。如果人们为打翻的牛奶哭泣，却忘记每天都可以挤奶的奶牛；如果人们正在向往着天边那座奇妙的玫瑰园，却没有注意欣赏开放在自己窗口的玫瑰。那是人生的悲哀。人们总是不能及早领悟：生命就在生活里，在自己手中，在每天每时每刻中。是谁说过：如果你心中对这个世界充满了不满，那么即使你拥有了整个世界，也会觉得伤心。

荷马说："过去的事已经过去，过去的事无法挽回。"过去的已经过去，过去的岁月不可能再来一遍，光阴如箭，不容后悔。从过去的错误中吸取教训，在以后的生活中不要重蹈覆辙，要知道“往者不可谏，来者犹可追”。

如果人们能换位思考，它们就变成了财富，因为人生之路就是在不断学习、不断进取中延伸的。人每天都要去面对一些新的事物，每时每刻都要面临新的挑战，如果能战胜挑战，那么人也就拥有了更多美好的时光，拥有了更多美好的事物，生活也将更加美好更加幸福了。

适时地放手

其实，懂得了放弃的真意，也就能理解“失之东隅，收之桑榆”的妙谛。多一点中庸的思想，静观万物，体会像宇宙一样博大的胸襟，你就自然会懂得适时地有所放弃，这正是获得内心平衡、获得快乐的秘诀。

一天早上，年轻的妈妈正在厨房清洗碗碟，4 岁的孩子在沙发上玩耍。不久，妈妈听到孩子尖厉的啼哭声。妈妈来不及将手抹干，就冲向客厅。

孩子仍坐在沙发上，他的手却插进了放在茶几上的花樽里。花樽上窄下阔，他的手伸进去，却拿不出来。妈妈用尽各种办法，都不能把孩子的手从花樽里拿出来。

只有一个办法，就是把花樽打碎。可是她有些犹豫，因为这个花樽不是普通的花樽，而是一件价值连城的古董。不过，为了儿子的手能够拔出，她忍痛将花樽打破了。

虽然损失不菲，但儿子没出事，妈妈也就不太计较了。她叫儿子将手伸给她看看有没有受伤。虽然孩子没有受一点皮外伤，但他的拳头还是紧握着无法张开。是不是抽筋呢？妈妈又开始惊惶失措起来。

小孩子的手不是抽筋。他的拳头不能张开，是因为他紧握着一个一元的硬币。就为了拾这个硬币，孩子把手卡在花樽的口内。手抽不回来，不是因为花樽的口太窄，而是因为孩子不肯放手。

生命如舟，载不动太多的物欲和虚荣，要想使之不在中途搁浅或沉没，就必须轻载，只取需要的东西，把那些应该放下的果断地放下。

提到 NBA 就会有许多人不由自主地想起飞人乔丹。乔丹凭着他对篮球的热爱和不到最后一刻决不服输的坚强信念，尤其是他出类拔萃的天赋与技术，不知令多少球迷为之倾倒。因此，当乔丹宣布退役时，数以千计的人为之遗憾、惋惜、垂泪；当乔丹宣布复出时，又有多少人奔走相告、欣喜若狂！

乔丹在放手时肯定是十分痛苦的，因为他无法克制自己对篮球的热爱，他后来的复出即可证明这点。然而，新老交替是自然法则，他的手脚不会因雄心与激情而变得更加灵活。“公牛王朝”时的乔丹在电视上经常出现、经常赢，但是当他变成了“奇才队”的队员时却不怎么出现、不知其输赢。复出后的乔丹渐渐失去了往日的风采，不由得使人们产生“廉颇老矣”的感想。乔丹不忍放弃梦想，在消耗自己精力与体力、内心承受痛苦折磨的同时，也在损害着人心目中的完美形象，虽然人们仍然由衷地佩服他。

该放手时就放手，能有这样的心境去面对生活，人会活得更洒脱些，更轻松些，更丰富些。放手，那是一片风雨后的晴空，是一片波澜后的平静，那种超脱和自在才是真正的人生大智慧。无论是在巅峰还是在低谷，无论是得意还是失意，放手是一个人最难的抉择。历史上有辞官引退的范蠡、张良、陶渊明，但是，像他们这样淡泊的人似乎太少了，与此相反的例子却不胜枚举：和珅和大人富可敌国，为什么仍然搜刮民脂民膏？魏忠贤已权倾朝野、做到了九千岁，却仍然欲壑难填、容不得一人之下？

再来看看人平时耳闻目睹的一些事：不少人已丰衣足食、小康有余，却仍旧不择手段、投机钻营，去追逐更多的财富；那么多名师、名家固守着早已过时的陈年老法自以为是，不知不觉中被时代冷落、淘汰；那么多的股民、彩民、赌徒常常食不果腹、甚至负债累累，却仍沉迷于其中不能自拔；有些高官已声名显赫、家财万贯，仍在费尽心机地往上爬，不断地行贿、索贿，以至于最终引起官怒民愤……种种实事说明，这些人不知道放手，不愿放弃名利，甚至是贪得无厌。

在印度热带丛林中，人们用一种特别的狩猎方式捕捉猴子：在一个固定好的小木盒子里装上猴子爱吃的坚果，盒上开个刚好够猴子的前爪伸进去的小口。猴子一旦抓住坚果，爪子就抽不出来了。人们常常用这种方式捉到猴子，因为猴子有一种习性：不肯放下已经到手的东西。

你一定会嘲笑猴子很蠢！松开爪子不就溜之大吉了吗？但想想自己，看看身边的一些人，你会发现：其实，人也会犯猴子的错误。《卧虎藏龙》里李慕白对师妹曾说过这样一句话："把手握紧，什么都没有，但把手张开就可以拥有一切。"这个关于取舍的道理谁都知道，只是身体力行的时候就难上加难了。其实有时能得到什么或失去什么，人心里已经很清楚，只是觉得每样东西都有它的好处，权衡利弊，一样都舍不得放手。

现实生活中并没有在同一情形下势均力敌的东西。它们多少都会有些差别，因此，你应该选择那个有长远利益的东西，有些东西，你以为这次放弃了，就不再会出现，可当你真的放弃了，你会发现它在日后仍然不断出现，和当初它来到你身边时没有什么两样，所以不用在乎那些你在不经意间失去的东西。既然已经不是属于你的，又何必纠缠呢？

你的欲望越小，你就越幸福

欲望与生俱来，人人都有。物欲太盛会造成灵魂变态，就是永不知足，物质上永不知足是一种病态，其病因多是权力、地位、金钱之类引发的。这种病态如果发展下去，就是贪得无厌，其结局是自我爆炸、自我毁灭。世人为何不心安，只因放纵着欲望。

明末清初有一本书叫《解人颐》，对欲望做了入木三分的描述："终日奔波只为饥，方才一饱便思衣。衣食两般皆具足，又想娇容美貌妻。娶得美妻生下子，恨无田地少根基。买得田园多广阔，出入无船少马骑。槽头扣了骡和马，叹无官职被人欺。县丞主簿还嫌小，又要朝中挂紫衣。做了皇帝求仙西游记，又想登天跨鹤飞。若要世人心满足，除是南柯一梦西。"可见人心不足蛇吞象，不是一句空言。做人如果不能控制自己的欲望，就会成为欲望的奴隶，最终丧失自我，被欲望所役。

我们应该明白：即使拥有整个世界，我们一天也只能吃三餐。这是人生思悟后的一种清醒，谁真正懂得它的含义，谁就能活得轻松，过得自在，白天知足常乐，夜里睡得安宁，走路感觉踏实，蓦然回首时没有遗憾!

托尔斯泰说："欲望越小，人生就越幸福。"这话蕴涵着深邃的人生哲理。这是针对欲望越大，人越贪婪，人生越易致祸而言的。古往今来，被难填的欲壑所葬送的贪婪者，多得不可计数。我感觉一些事真的可能是心理的问题，自己看开一切都无所谓了。韩国前总统卢泰愚从 1988 至 1993 年执政期间，充分利用职权蓄积、贪污政治资金多达 5000 余亿韩元（约 800 韩元合 1 美元），下野前夕，将剩余的政治资金用化名分别存入 20 多家银行，据为已有。

1995 年 8 月初，韩国前内阁成员总务处长官徐锡宰与一些新闻界的朋友在汉城市一家餐馆饮酒，酒后吐真言，将此秘密泄露。在野的民主党穷追不舍，私下进行调查，掌握了大量证据，卢泰愚被打入监狱，等待法律的最终判决。

在证人、证据面前，卢泰愚不得不承认他的犯罪事实，并在记者招待会上流下了眼泪。接受传讯后回到住宅，他问他的医生："有没有一种药服后可以一睡不醒，我真不想活了！"但是，正如韩国报纸所强调的那样"眼泪不会获得国民的同情"。

面对诱惑，需要保持清醒的头脑，要勇于放弃。如果抓住不放，贪得无厌，就会带来无尽的压力、痛苦不安，甚至毁灭自己。晋代陆机《猛虎行》有云："渴不饮盗泉水，热不息恶木阴。"讲得就是在诱惑面前的一种放弃、一种清醒。

以虎门销烟闻名中外的清朝封疆大吏林则徐，便深谙放弃的道理。他以"无欲则刚"为座右铭，历官 40 年，在权力、金钱、美色面前做到了洁身自好。

他教育两个儿子"切勿仰仗乃父的势力"，实则也是他自己处世的准则；他在《自定分析家产书》中说"田地家产折价三百银有零""况目下均无现银可分"，其廉洁之状可见一斑；他终其一生，从来没有沾染拥姬纳妾之俗，在高官重臣之中恐怕也是少见的。

年轻的时候，艾莎比较贪心，什么都追求最好，拼了命想抓住每一个机会。有一段时间，她手上同时拥有十三个广播节目，每天忙得昏天暗地，她形容自己："简直累得跟狗一样！"事情都是双方面的，所谓有一利必有一弊，事业愈做愈大，压力也愈来愈大。到了后来，艾莎发觉拥有更多、更大的不是乐趣，反而是一种沉重的负担。她的内心始终有一种强烈的不安笼罩着。

1995 年“灾难”发生了，她独资经营的传播公司被恶性倒账四五千万美元，交往了七年的男友和她分手……一连串地打击直奔她而来，就在极度沮丧的时候，她甚至考虑结束自己的生命。在面临崩溃之际，她向一位朋友求助：“如果我把公司关掉，我不知道我还能做什么？”朋友沉吟片刻后回答：“你什么都能做，别忘了，当初我们都是从‘零’开始的！”

这句话让她恍然大悟，也让她勇气重生，“是啊！我们本来就是一无所有，既然如此，又有什么好怕的呢？”就这样念头转了过来，没有想到在短短半个月之内，她连续接到两笔很大的业务，濒临倒闭的公司起死回生，又重新运转了起来。

历经这些挫折后，反而让艾莎体悟到人生“无常”的一面，费尽了力气去强求，虽然勉强得到，最后却留也留不住；一旦放空了，随之却能带来更大的能量。

她学会了“舍”。为了简化生活，她谢绝应酬，搬离了 150 平方米的大房子。索性以公司为家，挤在一个 10 平方米不到的空间里，淘汰了许多不必要的家当，只留下一张床、一张小茶几，还有两只作伴的狗。艾莎赫然发现，原来一个人需要的其实那么有限，许多附加的东西只是徒增无谓的负担而已。

人人都有欲望，都想过美满幸福的生活，都希望丰衣足食，这是人之常情。但是，如果把这种欲望变成不正当的欲求，变成无止境的贪婪，那我们就会无形中成了欲望的奴隶。在欲望的支配下，我们不得不为了权力、为了地位、为了金钱而削尖脑袋向里钻。我们常常感到自己非常累，但是仍觉得不满足，因为在我们看来，很多人比自己的生活更富足，很多人的权力比自己大。所以，我们别无出路，只能硬着头皮往前冲，在无奈中透支着体力、精力与生命。

扪心自问，这样的生活，能不累吗！被欲望沉沉地压着，能不精疲力竭吗？静下心来想一想：有什么目标真的非让我们实现不可，又有什么东西值得我们用宝贵的生命去换取？

聪明的人，就应该学会适当地修剪一下自己的欲望，不让那些不必要的贪念支配你的生活，让你就那么不经意地错过了生命的花期。

抱怨是给自己找烦恼

在人的一生中，抱怨就像由无限情绪组成的一串念珠，大到学业、工作、事业、恋爱、婚姻、为人处世，小至日常起居。无论你是失败落魄，还是春风得意，抱怨都会如影随形。这些抱怨是无法躲避的，需要人用心对待这串由抱怨组成的小念珠，耐心一颗颗数完，解决每一个也许是很小的抱怨，这样人生才会真正完整与美满。

过度抱怨的心情大概谁都体验过。当人对某些不顺心束手无策时，抱怨之情便油然而生；即便工作取得了成绩，经济上增加了收入，恋爱取得了进展等，也会产生抱怨。因为取得了成绩会引起不同的反应，增加的收入怎样支配也不能随心所欲，爱情有了新进展又会有新的问题产生等。人是有感情、有理智的，对外界的现象不可能毫无看法和情感反应。当主观需要和客观可能，自身的愿望和别人的要求难以达到和谐时，抱怨就会悄然而至。

不同的人生阶段有不同的烦恼。上学的时候，每天会因为学习的压力而烦恼；大学毕业了会因为工作上的不顺而烦恼；当了领导又有工作环境的烦恼；年龄大了又有找对象的烦恼；终于结了婚，又有了家庭的烦恼；过了而立之年，更是烦恼不断。可以说，有生活就有烦恼，要处世就会遇到烦恼。如果人总是抱怨，那只能是庸人自扰。

分析起来，人可以把抱怨分为三种：一是无故抱怨，如走路怕摔了，吃饭怕噎了，身体还是好好的就担心将来如果身体不好了怎么办；二是小题大做，如偶尔得了伤风感冒就惊恐不安，上街怕买不上菜，出门怕搭不上车，为小小的失利惴惴不安，为一时丢了“面子”而抱怨不已；三是徒劳的抱怨，如子女尚幼就为他们的升学就业操心，自己的工作明明很如意却担心有不测风云……

唐睿宗时，有个叫陆象先的人。他为人宽容，才学很高，办事干练，素有威名。有一年，陆象先出任益州剑南道按察使。到任后，他对百姓十分宽厚仁慈。即使对于犯罪的人，也不轻易动刑，而是讲道理以德服人。他的助手司马韦劝他说：“你应该用严厉的刑罚建立自己的威望。不然，这里的百姓就会轻慢你，就没有人怕你了！”

陆象先听了，摇摇头说：“老百姓的事情在于道德教化和治理，只要社会安定，百姓安居乐业，他们便会服从你，谁说只有用严刑才能树立自己的威望呢？”又有一次，一个小吏犯了错，陆象先只是批评了他一顿，劝他以后不要重犯。而一个属下认为处理太轻，应该用棍子重重责打那个小吏一顿。陆象先严肃地对他说：“人情都是相通的。我责备了他，他难道会不理解我的话吗？他是你的手下，他犯了罪你也有责任，如果一定要用刑的话，是不是应该先从你开始呀？”这么一来，那个属下不敢说话了，满脸羞惭地退了下去。

陆象先曾多次说：“天下本自无事，只是庸人扰之，始为繁耳。”意思是说，天下本来没有什么难事，只是由于一些平庸无能之辈不会处理，结果才把事情弄复杂、搞麻烦了。

所以，很多事并不像人们所想象的那样复杂，所以也就无须去抱怨什么，抱怨多了，只能是给自己添麻烦，招惹是非。

不管是哪一种抱怨，对自己和别人都没有好处。据研究，经常抱怨的人易患慢性疲劳综合征。患病的人虽然没有重体力劳动之累，又无重任在肩，却老是感到疲惫不堪，尽管休息补养，却不见起色。经常为抱怨所困的人往往注意力容易分散，影响工作和学习效率，缺乏人生乐趣，更无冒险精神，事业上难有大成。抱怨过度，还会转向精神抑郁症。“抱怨型”的人往往喜欢多管闲事，唠唠叨叨，爱把自己的意见强加于人。在集体生活中，使人感到碍手碍脚，别人往往不愿与其交往。如此这般，造成恶性循环，搞得人生了无趣味。

所以，烦恼的根源在于自己，就别总抱怨烦恼，而你的郁闷源于你不够开朗，你的悲伤源于你不够坚强。人活着就必须要生活，既然生活，为何不快乐地活，何必委委屈屈、失失落落地没有好脸色。今天有再大的烦恼，明天的生活也依旧，我依然是我。人有烦恼，只是因为看得太近、而又想得到得太多，倒不如站得远一点、放得开一点，聪明的人不会关注不属于自己的东西，当然也不会为此而烦恼。所以，人不要自寻烦恼、更不要庸人自扰。

做从容的自己

人无完人，古往今来没有一个方方面面都很成功的人。而生命之美就是和谐、平衡、宁静、轻松。载满沉重怎能享受生活？所以，放下你给未来打点的包袱吧！亮出本色，让自己过得自在从容。

人生中要感谢“贵人的提携，小人的刺激”。对于生活所给予的许多磨难与锻炼，人要坦然接受，因为正是这些激励因素的存在，人才能更珍惜现在的一切。生活中酸甜苦辣咸五味并陈，是困顿也好，是挫折也罢，不论风风雨雨如何变幻，这一切仍然值得感谢。因为，生命选择了人，而人选择做人自己。

失败的时候，何不用轻松的心情，再度扬帆。许多时候如果你能够重新审视世界，你都会得到不同的看法。做得轻松一点，活得潇洒一点，因为生命是你的，你有权力让自己快乐和幸福。

古语说的“人活一口气，佛受一炷香”，表达了一种狭隘的人生观。试想，如果人事事都要争，事事都要抢，岂不要活得很累？名誉、地位、金钱，原本是身外之物，如果人为了虚荣而豁出自己，就在物欲中迷失人生了。梁启超先生曾分析，宇宙间的事，没有绝对的成功和绝对的失败，他说：“成功这个名词，是表示圆满的观念，失败这个名词，是缺陷的观念。圆满是宇宙进化的终点，到了终点，进化便休止，进化休止不消说是连生活都休止了，所以平常所说的成功与失败，不过是指人类活动休息的一小段落。”这番话主旨是说，人一方面不要轻言成功，另一方面也不要过于强调自己的成功。轻言成功，就容易失败；反之，轻易承认失败，就等于完全排除了成功的可能。

做自己，并不是说人就不用在乎输赢，或者根本不参与输赢的较量，人还是需要在输赢中证实自己的，还是需要在输赢中看清自己的。我们在这里刻画和强调的只是面对输赢的态度和勇气。人生就像一次远航，不可能每时每刻都是顺风的。也有人说人生处处是考场，每时每刻你都可能输，每时每刻你都可能赢，生命中有那么多的争名夺利……有时候你会输得很难堪，甚至很惨。但有时候，上天也会安排机会让你小赢一把。有的人输不起，稍遇坎坷就怨天尤人，长吁短叹，消极低沉，跟自己过不去，一副十足的输相。也有人输给了成功，生活中有太多的范进，有太多经不起成功的人。

其实何必呢？用平常心去看待人生的得失，把它看成你饭桌上的一碟小菜。用平常心审视身边的人和物，静看花开花落，不以物喜，不以己悲。这样才能摆脱虚名的负累，活得轻松洒脱。人应该明白，胜败乃兵家常事，只要及时总结经验教训，奋发图强，下次还可以赢回来。人就要有骨气，人可以输掉技术、输掉机遇、输掉金钱、人情和关系！但绝不可以输掉信心和自尊，也绝不可以输掉自己。

生活就是一场又一场的较量，许多人在人生的战场上争得你死我活，总是认为竞争是前进的动力，只有竞争才会提升自己，只有竞争才会显出一个人的出类拔萃。但又何必那样逼迫自己？只要你努力了，结果如何都无须沮丧，无须悲鸣，无须喜庆，无须欢呼，更无须跟自己过不去。别在乎别人用了什么“手段”，更没有必要观察别人的脸色，也没有必要寻求别人的理解。无论如何，告诉自己，你做出了自己，活出了真实，这样的人就是你，纯粹的你。“真正的勇士敢于直面惨淡的人生”，在众人面前甩甩头，整整衣装，昂起头，微笑着大步走出人群去，不管输赢都有勇气如此潇洒！

生命之所以有感动，是因为真实。当你不为输而痛苦，不为赢而快乐的时候，你就从此超越了输赢，就会拥有真正想要的人生，而不是被结果左右的人生。

生命就是做自己，只有做自己，才会感受真实；只有做自己，才能产生不竭力量。托尔斯泰说得好："大多数的人想改造这个世界，但却罕有人想改造自己。"学习喜欢真实的自己，亮出自己的本色。做自己，才能在别人和自己的眼中看到自己的不足和长处；做自己，才能更好地改造自己；做自己，才能充分发挥内在的潜能。人的一念之间，或悲或喜，或生或死，你要过怎样的人生，要看你选择怎样的生活。自己的生涯成就，不是以和他人分出高下的结果来衡量的。人最大的敌人不是别人而是人自己，只有战胜了自己，才能超越自己。

生命，是上帝赋予人类最美的恩典。在人的一生中，都会遇到命运的转折与停滞，会遇到生命轨迹的断点，凡事都应该勇敢面对。人生之路没有坦途，要获得成功你得需要具备多种品质，但是你至少要有能承担痛苦的勇气，只要能找到路就不怕路远。在这条路上，可能开满鲜花，可能荆棘遍布，但是你不能被困难吓倒，也不能为鲜花所诱惑而停滞不前，学会以柔克刚，从容面对顺境与坎坷，生活将会给你最丰厚的回报。

生命铸就人生的美丽，每个人都有美好的明天。相信太阳还会在东方升起，相信春风还会来吹绿大地，更应该相信自己，未来的生活会更加美好。学会享受，勇于承担，不要期待生命旅程会一帆风顺，因为它的坚韧程度往往跟你所经历的艰难困苦成正比。让生命去迎接挑战吧，不要因为一棵稻草掉在头上就大呼小叫。活着快乐而不被它宠坏，活着艰辛而不被它压垮。因为生命是永远属于你的！

第3章

生活在现实，就不要过于苛责

还是活在现实中吧

我们每个人在一生中都进行着一次单程的旅行。在旅途的过程中，人会经历各种各样的风景。但那些都已经成为过去，所以不要标榜自己曾经的善良，不要炫耀自己一度的辉煌，也不要细数曾经的伤痕，一往无前地向前走，与旧的自己说再见，告别曾经，真切地活到现在。就像一个伟人说的那样：“我之所以为我，是因为我站在前人的肩上，而后来者将要站在我的肩上。”

如果有人问你：你是谁？你对自己怎样评价？你会如何自我描述呢？你是否会不自觉地使用一些长期积存的、附加于自己身上的“小标签”？在你的答案中，是否经常用到类似于“我……”的自我描述语句？

“我胆子很小……”

“我很懒惰……”

“我老是不认真……”

“我记性很差……”

“我没有艺术天分……”

这些评价和断语都是人自己附加在自己身上的，心理专家称之为“自我标签”。现实生活中，人很多人都在无形之中给自己贴满这种标签，时时刻刻地以此表明自己，使自己畏缩于这些“龟壳”之下。

其实自我描述性词语本身并没有什么过错，这样人可以更好地做出自我评价，更深刻地了解自己。但如果使用不当，或者过多使用否定或贬义的描述词语，就会给人造成心理损害，并有碍于个人的发展。而且，给自己挂上一个小“标签”，很容易成为人不求进取的借口。如果一个人必须按照别人给他设定的标签生活，那么他就会丧失自己的特点。同样，自定标签的后果也是这样。如果人不努力挖掘自己的潜力，而是自以为是地依照标签生活，那就等于否定了自己。

众所熟知的 NBA 球星巴特勒有过很不光彩的历史。像很多黑人球员一样，贫穷、犯罪曾经伴随他的生活。巴特勒说过：“打篮球不是压力。”那么对他来说压力是什么？压力是看着自己的单亲妈妈为了养活自己和弟弟而做两份工作；压力是在 14 岁的时候因为在学校里持有可卡因和枪支被捕而面临 14 个月的刑期；压力是让人相信自己能够改过自新。巴特勒说：“当你把生活搞得一团糟，人家把你关在小房间里，和大家都隔离开的时候，你真的需要好好反省反省自己的所作所为了。”杰梅尔在威斯康星州开办了一个拯救失足少年的活动中心，他帮助巴特勒重新做人，他说：“卡隆不是一夜之间就转变的。他明白了要走上正路，必须有耐心。在街头混，做一些惊天动地的事情可以让你一夜成名，同时也能让你一无所有。”杰梅尔进一步打磨了巴特勒在监狱中培养起来的篮球基本功。

后来，巴特勒参加了 AAU 比赛，并在一次活动中赢得了最有价值球员称号，目前 NBA 球员达柳斯·迈尔斯和昆廷·里查德森都曾经获得过这一荣誉。巴特勒取得越来越多的成就，虽然吸引了全国大学的注意，但是很多学校因为他的前科而对他关闭了大门。但是，吉姆和 Uconn 大学却给了巴特勒机会，巴特勒在吉姆的严格调教下大放异彩。两年后，也就是 2002 年，巴特勒进入了 NBA。他说：“我不是坏人，以前也不是坏孩子。我只是做了一些非常非常错误的决定。”

巴特勒的经历曾经让他被众人看不起，使他一度自暴自弃，幸运的是，他能够改邪归正、浪子回头，摒弃以前的自己，重新做人。而很多想学好的孩子、想摆脱街头暴力的孩子，却没有足够的决心从过去抽身而出，认为自己就是这样了，摆脱不了过去的阴影，永远带着过去的标签，却抬不起头往前看。

每个人的自我标签都来源于他过去的经历。然而，如桑德伯格所说：过去只不过是一堆灰烬而已。过去的所有“自以为”会让人认为没有必要花气力去改变自己，使人心安理得地保持现状，“我一直这样呀”，用对自己既定的评价来为自己辩护，当人没有别的理由为自己的错误做解释时，有些人就会摆出这副架势，一副我行我素的样子，一副破罐破摔的德行。记住一句话：“别让太多的东西捆住手脚，否则就只能被订在框架里。”人贴在自己身上的标签，都是在回避尝试的过程中造成的结果，是在生活面前耍赖皮，是不负责任、不求进取的表现。

人生里有很多东西是人完全无法掌握的，不要问对错或者是非，需要你去经历而不要去分析。想得太多，就会成为一种困扰，因为人有太多过去；人有太多经历，人对过去无从选择甚至不知对错。别拿过去困扰自己，人对过去不能执着，要学会摒弃，天地因你的豁达而更加宽广。从此让自己活出今天的精彩，不再管昨天的自己是如何懒惰，如何狼狈，如何得过且过。不断充实自己的生活，不断用行动证明你不是那个样子的。

不要总认为自己是多么的伟大或者渺小，不要总以为别人就是这样的狡猾或者宽厚，给观念彻底的松绑，以全新的眼光看待周围的事物。如果人认定某一种观念，就会让自己被套牢，变得心胸狭隘。政治学里说，要以发展的眼光看问题，告诉自己，所有的都是已经过去的，以后怎么样，那很难说。没有人可以预测到未来，你不一定就是别人说的那样，你不一定会像自己以前一样。不要让过去在自己身上留下痕迹，过每一天的自己，这是生活的智慧。

你要苛求完美，其实在折磨自己

人生并不是完美的，就是那些伟人身上都有许多弱点。拿破仑矮小专制，罗斯福身患残疾，斯大林严厉刻薄……这些人都不完美，也无法完美。但他们都没有在不完美里哀叹。如果人一味地追求所谓的完美，就不可能轻轻松松地面对生活，更不可能创造成功幸福的人生。

大多数人常常埋怨自己的生活不美满，这不如意那不舒心，总之，在他们眼里，到处充斥着不完美，这影响了他们的心情，破坏了他们的生活。其实，不完美是生活的一部分，拥有缺陷是人生另一种意义上的丰富和充实，同时，损伤和缺憾往往是人进入另一种美丽的契机。

既然如此，面对诸多的不完美，人就要用一种平和的心态来对待它。比如，每个人都有缺点，重要的是如何能将这些“缺点”转化为“优势”，将这些“优势”好好运用、发挥，并得到更好的效果。

有一位挑水夫，他有两个水桶，分别吊在扁担的两头，其中一个桶有裂缝，另一个则完好无缺。在每次长途的挑运中，完好无缺的桶，总是能将满满一桶水从小溪边送到主人家中，但是有裂缝的桶到达主人家时，只能剩下半桶水。

两年来，挑水夫就这样每天挑一桶半的水到主人家。当然，好桶对自己能够送满整桶水感到很自豪，而破桶则对于自己的缺陷感到非常羞愧，它为只能负起一半的责任而难过。

饱尝了两年失败的苦楚，破桶终于忍不住了，在小溪旁对挑水夫说：“我很惭愧，必须向你道歉。”

“为什么呢？”挑水夫问道，“你为什么觉得惭愧？”

“过去两年，因为水从我这边一路的漏掉了，你只能送半桶水到主人家，我的缺陷，使你做了全部的工作，却只收到一半的成果。”破桶说。

挑水夫温和地说：“你有没有注意到小路两旁，只有你的那一边有花，好桶的那一边却没有开花吗？我明白你有缺陷，因此我善加利用，在你那边的路旁撒了花种，每次我从小溪边回来，你就替我一路浇了花。两年来，这些美丽的花朵装饰了主人的餐桌。如果你不是这个样子，主人的桌上也没有这么好看的花朵了。”走在回家的山坡上，破桶突然眼前一亮，它看到缤纷的花朵开满了路的一旁，沐浴在温暖的阳光之下，这景象使它开心了很多。破桶的心情终于释然了。

“木桶”的不完美成就了路面鲜花的完美，可以这样说，一种不完美往往是另一种完美的代言。当生命中有个小小的缺口，不要悲观怨叹，因为它可能让人永远有追求幸福的动力。人要正视缺陷，不要苛求完美。

过于苛求完美，则很可能遭遇失败。当然，完美主义也有可能会获得成功，但成功的到来并不是因为有了这些完美的标准。研究表明，苛求完美在工作效率、人际关系方面都会受到严重损害，甚至会导致自我挫败。原因是他们以歪曲的、非逻辑的思维方法看待生活。完美主义者最普遍的思维方法是“要么全有，要么全无”。

这首先导致完美主义者的工作效率低下，他们要求一切都尽善尽美，否则不如不做。认真的态度是每个人都需要的，不管是在工作中还是生活中。工作因为认真而变得出色，生活因为认真而变得精致。人鼓励认真的态度，是为了让自己的人生变得幸福和充实，然而，生活中有些人却往往认真得近乎于偏执，不管做什么事都追求完美，不容许自己有一点点失误，不允许生活有一点点瑕疵，结果常常因为对自己太过苛求而搞得身心疲惫不堪。

任何工作都不可能达到完美的极致，每一个细节都追求完美很可能就忽略了大局。同样，任何事物也是如此，下面的这则寓言就很好地说明了这一点。

很久以前，有位渔夫从海里捞到一颗晶莹剔透的大珍珠，爱不释手。但美中不足的是珍珠的上面有个小黑点，“美珠有瑕”。渔夫想，如能将小黑点去掉，珍珠将变成无价之宝。可是渔夫剥掉一层，黑点仍在；再剥一层，黑点还在；一层层地剥到最后，黑点是没有了，然而珍珠也不复存在了。

渔夫想得到的是美的极致，在他消除了所谓的不足时，美也消失在他追求过于完美的过程中了。有黑点的珍珠不过是白璧微瑕，正是其浑然天成、不着雕痕的可贵之处，如同“清水出芙蓉，天然去雕饰”，美得自然，美得朴实，美得真切。美真正的价值往往不在于它的完整，而在于那一点点的残缺，就如同缺失双臂的维纳斯，它能给人以无限的遐思，美丽也就在这样一种遗憾和遐想中成为极致。

其次，在人际关系中，许多完美主义者感到孤独。这是因为他们害怕自己的意见不被采纳，使自己的完美形象受到影响。他们为自己的言行辩解，对别人却指指点点，评头论足。这样常常伤害别人，影响同事、朋友之间的关系，最终导致他们陷入孤独的境地。

另外，过于苛求完美，还可能伤害人的自尊，损害人的健康。丘吉尔曾经说过，追求完美，事事完美，太苛求了，所以痛苦。追求完美很好，但是太苛求完美就有问题，苛求完美必然会不分主次、斤斤计较、因小失大。苛求完美还会陷入痛苦、失望的境地，长久以往，就会自尊心受挫，情绪压抑，精神不振，继而身体出现异常，得不偿失。

俗话说：“人无完人，金无足赤。”人生确实有许多的不完美，每个人都有这样那样的缺憾，真正完美的人是不存在的，即使是中国古代四大美女，也各有自身的不足。据记载，西施大脚、王昭君双肩仄削、貂蝉耳垂太小、杨贵妃患有狐臭。

人生没有完美可言，完美只是在理想中存在。所以，不管对于事情的结果如何在意，偶尔也该放过自己，毕竟完美是不存在的。正是因为有了残缺，人才有梦想、有希望。当人为梦想和希望而付出努力的同时，就已经拥有一个完美的自我了。

其实完美与不完美只存在于一念之间。苛求完美只会离完美越来越远，而你也会因为追求完美而受累。所以人不如放弃苛求完美，你会发现人世间的一切都有它自己的独特之美。

从残缺中发现美

希腊神话中爱与美的女神维纳斯的雕塑，一直被人们评价为迄今为止希腊女性雕像中最美的一尊。但是多少年来，人们最为欣赏的，往往是维纳斯的断臂之美。

维纳斯的大理石雕塑，大约是在公元前 130 年制成的，高 203 厘米，由两块大理石拼接而成。两块大理石的连接非常巧妙，是在身躯裸露部分与裹巾的相邻处。这尊雕像至今依然保存在巴黎罗浮宫，供后世人参观。

对于这个爱与美的化身，艺术家们对她倾注了不计其数的赞誉和歌颂。维纳斯的身材端庄秀丽，身材丰腴，美丽的椭圆形面庞，希腊式挺直的鼻梁，饱满的前额和丰满的下巴，平静的面容，流露出希腊雕塑艺术鼎盛时期沿袭下来的理想化传统。她那微微扭转的姿势，使半裸的身体构成了一个十分和谐而优美的螺旋形上升体态，富有音乐的韵律感，充满了巨大的魅力。作品中维纳斯的腿被富有表现力的衣褶所覆盖，仅露出脚趾，显得厚重稳定，更衬托出了上身的美。她的表情和身姿是那样的庄严崇高而端庄，像一座纪念碑；她又是那样优美，流露出最抒情的女性柔美和妩媚。人们似乎可以感到，女神的心情非常平静，没有半点的矫饰和羞怯，只有纯洁与典雅。她的嘴角上略带笑容，却含而不露，给人以矜持而富有智慧的美感。

但是这样一个近乎完美的艺术品，却因为一场争夺而失去了双臂。

据法国舰长杜蒙·居维尔的回忆录记载，维纳斯出土时的双臂还是完整的，右臂下垂，手扶衣襟，左上臂伸过头，握着一个苹果。当时法国驻米洛斯领事路易斯布勒斯特得知这个塑像出土，就赶往伊奥尔科斯的家中，打算以非常高的价格购买此雕像，农民伊奥尔科斯同意了他的要求。但由于他手头没有足够的现金，就只好派居维尔连夜赶往君士坦丁堡报告给法国大使。法国大使听完汇报后立即命令秘书带了一笔巨款随居维尔连夜前往米洛斯购买女神像，却不知农民伊奥尔科斯此时已经将神像卖给了一位希腊商人，而且已经装船外运。居维尔当即决定以武力截夺。英国得知这一消息之后，也派舰艇赶来争夺，双方展开了一场激烈的战斗，混战中雕塑的双臂不幸被折断，从此，维纳斯就成了一个断臂女神。

我们姑且不去讨论这些人的利欲熏心，但是这场战争就说明了维纳斯那喷薄欲出的魅力。断臂后的维纳斯成了一种缺憾，但是依然掩饰不住她的美丽，全世界上的人都为之心动不已。

事实上，残缺本身并不美丽，但是残缺把美丽衬托得更为突出，更为震撼。这便是残缺美的本质所在。雕像没有追求纤小细腻的外形，而是采用了简洁的艺术处理手法，体现了人体的美丽和内心所蕴含的美德。整尊雕像无论从任何角度欣赏，都能发现某种统一而独特的美，这种美不再是古希腊大部分女性雕像中所表现的“感官美”，而是一种古典主义的理想美，充满了无限的诗意，在她面前，几乎一切人体艺术作品都显得黯然失色。

也有很多追求完美的艺术家想将其修复，想让她向世人展示那完整的美丽。然而，几个世纪过去了，没有哪个伟大的人能成功地为她接上那段神秘的玉臂，有的只是画蛇添足的叹息。她却因给人留下无数的遐想空间，而更加富有魅力。

这些修复作品的人中不乏大师级人物，而修复的方案也不乏优秀之作。但是，只要有一种方案出现，就会有一种反驳的道理。最终人们得出了结论：维纳斯的美正在于她残缺的双臂，从此，艺术界开始了对于残缺美的争论与研究。

维纳斯的美来源于她那迷人的美丽和她那残缺的臂膀，正是因为她那残臂诱发出人们的美好想象，增强了人们的欣赏趣味，使之成为举世瞩目的伟大艺术品。就像欣赏断臂维纳斯的残缺之美一样，人在生活中也要学着欣赏残缺美。

著名的雕塑家罗丹说过："世界上并不缺少美，而是缺少发现美的眼睛。"月有阴晴圆缺，这些都是大自然的安排，人要学着拥有一双善于发现美的眼睛去欣赏欣赏不完美之中独特的美。就像人所说的，虽然我的眼睛小，但很有神；虽然我个子不高，但浓缩的都是精品。当人再回过头来看世界时，会发现一切都有属于它自己的美。

生命的残缺，如同维纳斯女神一样，正是因为有了断臂的缺陷而变得更加典雅特别，美丽动人，而且美得更加意外，趣味盎然，令人心醉神迷……

世间处处皆学问。"十个指头有长短"，残缺的，往往也有其美妙的一面。人要正视管理中的残缺，学会欣赏残缺中的美妙。不是吗？不同的音符，才能构成美妙的乐章；不同的落差，才能汇成波涛的澎湃；不同的性格，才能摩擦成生动的和谐；不同的所有，才能激励无尽的追求。

在忍耐中储蓄人生财富

俗话说：“宰相肚里能撑船。”这是一种高度宽容和忍让。从古至今，许多名人志士，在关键时刻，能忍让和不忍让，都给人们留下了宝贵的经验和教训。人生有很多事情，需要忍。忍是一种眼光，忍是一种胸怀，忍是一种领悟，忍是一种人生的技巧，忍是一种规则的智慧。

学会忍，是人生的一种基本谋生课程。懂得忍，游走人生方容易得心应手。当忍处，俯首躬耕，勤力劳作，无语自显品质；不当忍处，拍案而起，奔走呼号，刚烈激昂，自溢英豪之气。

懂得忍，才会知道何为不忍。只知道不忍的人，就像手舞木棒的孩子，把自己一直挥舞得筋疲力尽，却不知道大多数的挥舞动作，只是在不断地浪费体力而已。

古人云：“忍人之所不能忍，才能为人所不能为。”忍耐是一种力量，很多时候能够创造奇迹。

当人收回拳头的时候，从来都不是因为放弃，而是一种蓄力，只有收回的拳头打出去才能更加有力。

唐朝诗人张公艺的《百忍歌》可以推荐给大家诵读。

百忍歌，歌百忍；

忍是大人之气量，忍是君子之根本；

能忍夏不热，能忍冬不冷；

能忍贫亦乐，能忍寿亦永；

贵不忍则倾，富不忍则损；

不忍小事变大事，不忍善事终成恨；

父子不忍失慈孝，兄弟不忍失爱敬；

朋友不忍失义气，夫妇不忍多争竞；

刘伶败了名，只为酒不忍；

陈灵灭了国，只为色不忍；

石崇破了家，只为财不忍；

项羽送了命，只为气不忍；

如今犯罪人，都是不知忍；

古来创业人，谁个不是忍。

忍耐也是一种智慧，小不忍则乱大谋，不懂得忍耐何谈成就更好的自己？其实，从某种意义上说，忍耐也是为了等待，等待自己更好的机会来到；忍耐也是为了积蓄自己的力量，为了变成更优秀的自己而磨炼心性。人只有学会了忍耐，才能为人所不能为，因为成功需要积蓄力量。

春秋时期，越王勾践被吴王夫差打败，退守于会稽山上。越王要求跟吴国讲和，吴国的条件是要勾践夫妇到吴国给夫差当仆役，勾践答应了。

勾践将国事委托给大夫文种，让大夫范蠡随他夫妇俩前往吴国。到了吴国，他们被囚禁在山洞石室中。夫差两次外出，勾践都亲自为他牵马。有人指骂他，他也不在乎，低眉顺眼，始终表现出一副驯服的面孔，很讨夫差欢心。

一次，夫差病了，勾践在背地里让范蠡预测了一下，知道此病不久就会好，于是亲自去见夫差，探问病情，并亲口尝了尝夫差的粪便，向夫差道贺，说他的病很快就会好的。夫差问他怎么知道，勾践就胡编说：“我曾经跟名医学过医道，只要尝一尝病人的粪便，就能知道病的轻重。刚才我尝了大王的粪便，味酸而稍微有点苦，用医生的话说，是得了‘时气症’，所以病会很快好，大王不必担心。”

果然不几天，夫差的病就好了。夫差认为勾践比自己的儿子还孝顺，深受感动，就把勾践放回国去了。勾践归国后，深为会稽之耻而痛苦，一心伺机报仇。他睡不好觉，吃不好饭，不近美色，不看歌舞，苦心劳力，唇干肺伤；对内爱抚群臣，对下教育百姓。经过三年的努力，勾践深得百姓的拥护。

他为了更好地笼络群臣，每当有甘美的食物，如果不够分就不敢独吃；有酒就倒入江中，与人民共饮。他自己耕种吃饭，靠妻子亲手织布穿衣，吃喝不求山珍海味，衣服不穿绫罗绸缎。为了锻炼斗志，他不过舒服的生活，连褥子都不用，床上铺着柴草，还备一个苦胆，随时尝一尝苦味，以不忘所受之苦。他还经常外出巡视，随同车辆装着食物去探望孤寡老弱病残。

国力强盛之后，越国终于与吴国在五湖决战。吴国军队大败，越军包围了吴王的王宫，攻下城门，活捉夫差，杀死吴国宰相。灭掉吴国两年后，越国称霸诸侯。

勾践卧薪尝胆，忍他人所不能忍，为他人所不能为，是隐忍让他成就了最后的霸业。对于一个王者来说，甘于屈尊于他人，以奴仆的身份面对世人，那是一种多大的魄力啊！这是一种韬光养晦的谋略，也是一种能屈能伸的气魄，更是一种等待时机一飞冲天的智慧！

《猫王》中有一段话很有意义：“一只不懂忍耐的猫，是不配作战的。纵使你手里有千军万马，可是战争给你的机会也许只有一次，你必须先学会等待，让自己静下来。因为只有这个时候，你的头脑最清醒，能够对事态做出正确的判断。一旦机会来到，你才能稳稳抓住，发出致命一击。”是的，凡事能够有所作为的人，大都有着能屈能伸的个性和坚忍不拔的品质。人不可能永远处于被动，总有翻身的那一天，学会忍耐，所以积蓄自己的力量，总有机会让你证明自己的能力。

常言说：“金无足赤，人无完人。”人在世上，不能苛求他人，也不能苛求自己，常用忍让的眼光看世界、事业、家庭和友谊，才能使你保持有一颗平常心。放眼明天，学会忘却，忍让使生活更加阳光、更加快乐。

牢记忍让，就不容易发脾气，闹情绪，跟别人起冲突。心中无怒火，自然能吃得香、睡得着、笑得开心。可见，忍让是人们一生中的必修课，学会忍让就是学会了关心他人和尊重他人，学会忍让就是学会做人，学会忍让就是学会了生活，劝君常常保持一颗忍让之心。

宽容让人生无限放大

大凡一个有所作为的人，都是一个心胸宽广的人。一个心胸宽广的人，能容人忍事，能敬已恕人，也就能做成大事，那么，人生就能攀升到一个顶峰。

心胸指的是胸襟，也就是一个人的抱负、气量。一个人能成就多大的事业，与他的心胸有很大的关系。有的人具备了优越的条件，却干不出多大成绩；而有的人，看起来平平凡凡，一生中也不见其有过人的能力，却能腾云驾雾，干出不平凡的事业，登上一个人生的顶峰。这就是他们心胸的区别。

你的心胸有多宽，你的事业就能做多大，你的人生就有多高。古往今来，凡有作为、有成就的人，无不有一种海样宽广的胸怀。我们的先辈在这方面很注意，特别强调宽以待人，要能容人。古人说："必有容，德乃大，必有忍，事乃济。一毫之隙，即动容；一事之违，即愤然，是无涵养之士也！"这话今天咀嚼玩味起来，对人仍有启发和教育意义。

1874年11月30日的夜晚，伦敦的布伦海姆宫灯火辉煌，一群贵族男女在这里翩翩起舞。突然，一位活泼、美丽的贵族夫人连声叫喊肚子疼痛，人们赶快把她扶到就近的一个临时女更衣室。温斯顿·丘吉尔——一个早产儿，就这样非同寻常地来到人间。

丘吉尔是英国显赫的贵族公爵马尔巴罗家族的后代。英国除了王室以外，公爵家庭总共不超过20个，马尔巴罗家族按封爵次序名列其中第十位。丘吉尔的母亲詹妮是美国百万富翁杰罗姆的女儿，1873年与丘吉尔的父亲伦道夫结婚，1895年1月24日伦道夫因病医治无效，溘然去世，终年46岁。这时的詹妮虽已40多岁，但依然美艳惊人，风姿绰约。不久，她便萌生了嫁给一个25岁男人的想法。然而消息一经传出，立刻遭到众多亲友的反对。就在詹妮几乎要放弃了的时候，詹妮25岁的儿子、与母亲要嫁之人同岁的丘吉尔，坚决地握住她的双手说："亲爱的母亲，就算全世界都反对您，我也会勇敢地站在您这边，所以，请您也一定要勇敢。"儿子坚毅、鼓励的目光，让詹妮义无反顾地披上了洁白的婚纱。

但这桩婚姻并没有维持多久。10多年过去了，詹妮的儿子丘吉尔已经凭借卓越的才能跻身政坛。60岁的詹妮也要再次迎来婚礼。这次的决定同样遭到众人强烈的反对，尤其是儿子的那些反对派们。詹妮犹豫了。这次与上次不同，丘吉尔打小就怀有雄心壮志，并且具备实现远大理想的能力。她不想因为自己贻误儿子的前程。

然而，令他意想不到的是，儿子又一次握住了她的手：如果让我在我的仕途与您的幸福之间作选择，我心甘情愿地选择后者。请您不要再有任何顾虑。母亲幸福，我才幸福。詹妮又一次无比快乐地迈入了婚姻的殿堂。婚礼上，儿子依然像上次一样，坚强地站在她的身边，而另一边则是比儿子还要年轻的36岁的新郎。能够两次接受母亲的婚姻，也许很多人都做得到。而面对沉重的压力，丘吉尔两次接受和自己年龄差不多的人作自己的继父，这需要多么豁达的胸怀。

1908年8月15日，伦敦报纸登载了一条引人注目的消息：33岁的内阁贸易大臣温斯顿·丘吉尔先生与23岁的克莱门蒂娜霍齐娅小姐订婚。举行婚礼的这一天热闹非凡，宾朋满堂，欢歌笑语。证婚人是财政大臣劳合乔治，而他选择的男傧相却是他在下院的一个坚决反对者——休塞西尔勋爵。当时丘吉尔推行一系列争取工人拥护的社会改革，休塞西尔勋爵在内的贵族集团坚决反对这些改革。这里反映了英国政治生活中的一个很有意思的特点：人们可以在下院和政治集会上相互咒骂，如同仇敌，但在个人生活中却能成为亲朋好友，相敬无间。在政治生活中虽然是公敌，却不妨碍他们在私人生活中称兄道弟。

要学会善待他人、宽容他人。对小人则应视之为烟尘，不与为伍，不必放在心上。善待自己，活出精彩，可以使生活多一点阳光，多一份色彩。不必为过去的得失而后悔，不必为现在的失意而烦恼。看山心静，看湖心宽，看星心明。任何时候你都应该保持笑迎生活，其乐无穷，愉快地享受生活每一天。

宽容就像酒吧中的调酒师，可以为你调出最美妙的滋味，调出最柔和的色彩，给自己好口感的同时也养了别人的眼；宽容好比夜幕降临时的那一轮皓月，不仅能指引你前行的方向，也能给你一份温暖的关爱。宽容别人，表面上看是你不计较他人的错误，而真正感到轻松的却是你自己，宽容别人的同时也轻易地将堵在自己心口的那块儿石头搬掉，心清静了，澄澈了，就是善待了自己，所以宽容别人，实质上更加宽容的何尝不是自己呢?

人在宽容后发现自己的生活视野宽阔了，生活中的美好事物也多了起来，周围善良之人有趣之事比比皆是，天空的阴霾竟经不起阳光的照射，很快云开雾散。原来，宽容竟是一种无形的力量，可以改变自己对生活的认识感知；心胸宽大的人能有大作为。人要保持心胸宽大，应该通过不断的努力学习来提高理论素养和知识水平。让自己的眼光不断地远大起来，知识丰富起来，情操高尚起来。

挂在脸上的微笑看着就舒服

人在什么时候最有魅力？就是在微笑的时候。微笑证明一个人内心不带虚伪，是一种自然喜悦情绪。微笑因为富有感染力，会马上会影响到周围的人，给他人留下一个良好的第一印象。人如果想赢得别人的好印象，应该时刻保持微笑，毕竟没有人愿意看到一个脸上布满阴云的人。

一个积极向上的人，一个热爱生活的人，微笑是他显露最多的表情。心理学家曾经做了一个有趣的实验，以证明微笑的魅力。他给两个人分别戴上一模一样的面具，上面没有任何表情，然后问观众最喜欢哪一个人。答案几乎一样：一个也不喜欢，因为那两个面具都没有表情，他们无从选择。然后，他要求两个模特儿把面具拿开，舞台上出现两个不同的个性的人。心理学家要其中一个人把手盘在胸前，愁眉不展并且一句话不说，另一个人则面带微笑。

他再问台下的观众："现在，你们对哪一个人最有兴趣？"答案是一样的：他们选择了那个面带微笑的人。这个例子充分说明了微笑的魅力，它可以受到所有人的欢迎，因为人们看到微笑使人自己心情也跟着快乐，快乐和忧愁都是可以传递的，谁会喜欢忧愁呢？

达·芬奇用蒙娜丽莎的微笑征服了整个世界，可见微笑是多么神奇。微笑的魅力无所不在，是它让这个世界充满友善与朝气。一个真心的微笑，不管是从眼睛看到的或从声音里听到的，都是一个很好的开端。在人际交往中，人需要微笑。微笑是一种令人愉快的表情，表达的是一种热情而积极的处世态度。微笑甚至可以创造财富，引领人走向成功。

几年前，底特律的哥堡大厅举行了一次巨大的汽艇展览会，人们蜂拥而至，在展览会上人们可以选购各种船只，从小帆船到豪华的游艇都可以买到。在汽艇展览会期间，一家汽艇厂有一宗巨大的生意跑掉了，而另一家汽艇厂却用微笑把顾客挽留了下来。

事情原来是这样的：一位来自中东产油国的富翁，他来到一艘展览的大船旁对站在他面前的推销员说："我想买艘汽船。"这对推销员来说，可是求之不得的好事。那位推销员很周到地接待了富翁，只是他脸上冷冰冰的，没有一丝笑容。

这位富翁看着这位推销员那没有笑容的脸，似乎藏有什么心机，然后走开了。他继续参观，到了下一艘陈列的船前，这次他受到了一位年轻推销员的热情招待。这位推销员脸上始终挂着热情的笑容，那微笑像太阳一样灿烂，使这位富翁有宾至如归的感觉，所以，他又一次说："我想买艘汽船。"

"没问题。"这位推销员脸上带着微笑答道，"我会为你详细介绍产品。"后来，这位富翁果然交了订金，并且对这位推销员说："我喜欢人们表现出一种他们非常喜欢我的样子，现在你已经用微笑给我表现出来了。在这次展览会上，你是唯一让我感到我是一个受欢迎的人。"

第二天这位富翁带着一张保付支票回来，购下了一艘价值 2000 万美元的汽船。不难看出，微笑就是无声的行动，一个人温和、亲切，洋溢着笑意，就很容易引人注意，也非常受人欢迎。因为微笑是一种宽容、一种接纳，它缩短了人与人之间的距离，使彼此之间心心相通。喜欢微笑着面对他人的人，往往更容易走入对方的天地。所以说，微笑是成功者的最好表情。

现实生活中，许多人都意识到了服饰仪容对自己社交、办事的重要性，所以，出门前人总是要对着镜子特意整理一番，看头发是否凌乱、领带是否平整、化妆是否恰到好处，唯恐因衣着和妆饰的不雅而被人轻视。然而，人也不能忽略另一种重要魅力，那就是微笑，微笑是最好的化妆品。其实，对于社交、办事来说，整理表情有时比整理服饰、化妆更重要。

说到这里，我们就不能不说以微笑服务冠名于全球的希尔顿旅馆。希尔顿于 1887 年生于美国新墨西哥州，他的父亲去世的时候，只给年轻的希尔顿留下了 2000 美元的遗产。加上自己的 3000 美元，希尔顿只身去得克萨斯州，买下了他的第一家旅馆。

当旅馆资产增加到 5100 万美元的时候，他欣喜而自豪地告诉了他的母亲。但是，母亲却淡然地说：“依我看，你和从前根本没有什么两样，不同的只是你已把领带弄脏了一些而已。

事实上你必须把握比 5100 万美元更值钱的东西。你除了对顾客诚实之外，还要想办法使每一个住进希尔顿旅馆的人住过了还想再来住。你要想一种简单、容易、不花本钱而行之可久的办法去吸引顾客，这样你的旅馆才有发展前途。”

希尔顿听后，苦苦思量母亲严肃的忠告：究竟什么“法宝”才能具备母亲所指示的“一要简单，二要容易做，三要不花本钱，四要行之可久”呢？终于希尔顿想出来了：“这个法宝就是微笑。只有微笑具备这四大条件，也只有微笑能发挥如此大的效力！”于是希尔顿要求员工，无论如何辛劳都必须对旅客保持微笑。他确信：微笑将有助于希尔顿旅馆世界性的发展。

事实上，希尔顿旅馆能从美国 20 世纪 30 年代的经济萧条中幸存下来，且领先进入繁荣时代，便证明了希尔顿判断的正确性。希尔顿在接下来的经营中也一直强调着他微笑服务的这一法宝。

每当希尔顿为旅馆充实一批现代化设备时，他就要来到旅馆，召集全体员工开会。“现在人的旅馆已新添了第一流设备，你们觉得还必须配合一些什么第一流的东西使客人更喜欢它呢？”员工回答之后，希尔顿会微笑地摇着头说："请大家想一想，如果旅馆里只有第一流的设备而没有第一流服务员的微笑，那些旅客会认为人供应了他们全部最喜欢的东西吗？缺少服务员的微笑，正好比花园里失去了春天的太阳和春风。如果我是顾客，我宁愿住进那虽然只有残旧地毯，却处处见到微笑的旅馆，而不愿走进只有一流设备而不见微笑的地方……"

经过不断地努力，希尔顿的资产已从 5 千美元发展到数 10 亿美元。希尔顿旅馆已经吞并了号称为"旅馆大王"的纽约华尔道夫的奥斯托利亚旅馆，买下了号称为"旅馆之后"的纽约普拉萨旅馆。与此同时，他的名言："你今天对客人微笑了没有？"也在世界各大旅馆流传开来。

微笑是希尔顿旅馆最宝贵的无形资产，也是它制胜的魅力所在。希尔顿的成功，就是从微笑服务开始的。不难看出，在生活中只有"微笑"的量是不够的，要努力提高"微笑"的质，创造出属于人现代人的高品位的"微笑服务"与"微笑文化"。

中国古人说："人无笑脸莫开张。"希尔顿的成功为这句话做了十分精彩的佐证，再将这句话套用一下，那就是"为人处世要微笑"。因为微笑是人类最好的表情，是一句世界通用语，是一把打开心扉的万能钥匙。教师对学生微笑，学生就会自信；护士对病人微笑，病人就会心情愉快；就连警察向犯错的哥微笑，的哥挨罚也愿意。在大街上，就是对素不相识的路人一个真诚的微笑，对方肯定会对人微微一笑的。

医学专家告诉人：笑是生命健康的维生素。笑的时候人体各部肌肉都处于活动状态，而停止笑时，这些肌肉又都处于松弛状态。

肌肉紧张能引起疼痛，所以许多关节痛、风湿病及其他病痛患者可以从笑中获益。如果人能经常保持微笑，就会使人看上去年轻、开朗、友善、亲近。

放弃那些让人忧虑的人和事情，舒展一下自己的面部，微笑就是这么简单。只有让自己时刻保持微笑，才会令别人心情愉快、令自己充满自信和魅力。其实在人送给别人微笑的同时，自己也会收到别人的微笑，一个笑可能帮人展开一段难忘的情谊，成为事业的推进力。

笑是精神的阳光，没有阳光，万物都不可能生长。

其实，生活中最廉价也最为珍贵的礼物便是笑，因为它让人的生活充满阳光，身心愉悦。

如果没有高情商，怎么展示你的睿智

情商通常是指情绪商数，简称 EQ，主要是指人在情绪、意志、耐受挫折等方面的品质。情商在这个时代开始被越来越多的人提起，也被越来越多的人重视了。因为，无论在生活中，学习中还是在职场里，它都起到了一个至关重要的作用。情商是一种能力，是一种来自人心的智慧，它可以让我们在生活中过得舒服，让自己在与他人相处的过程中如沐清风。

但凡情商高的人，他的品质也一定很高，也一定会谨言慎行，因为他们知道自己的无心之话有可能让有心之人非常反感，他们无论在什么场合都会时刻装着别人。

高情商里藏着一个人的聪明才智。真正聪明的人从来不会让别人难堪，也不会心直口快地当众表达自己的不满，在特定的场合他们一定会优雅地表现自己，把自己最好的一面展现出来。

冰双昨天参加了一场相亲会，由于走得匆忙，不小心把裤子划破了。她本想回家换一件，但又怕迟到，犹豫再三后，她还是觉得第一次迟到非常不礼貌。其间，冰双极力掩盖自己的尴尬，但明眼人一看就知道发生了什么事情，面对男士的问话，冰双显得有些心不在焉。

当气氛陷入尴尬中时，这位男士说：“没想到今天天气挺冷的，我看你一直哆嗦，你要是不介意，就把我的外套盖在腿上吧。”冰双还没来得及说话，对方就把外套递了过来。

冰双心里甚是感激，本来当时挺尴尬的，但是那位男士递过来外套那一瞬间，突然觉得如沐春风。

其实，情商高的人永远是最会化解尴尬的人，因为善良总会让他们在心里装着别人。在生活中有一类喜欢讲真话的人，有人说喜欢讲真话的人都是善良的人，因为他们遇到事情从来不会拐弯抹角，而是心直口快地吐露自己的心声，在我看来这类人其实就是情商低的表现。

小慧是一位总喜欢以自己为中心的女孩。有一次她陪闺密去买衣服，在这期间闺密试了好几件，但小慧都说不好看，最后，闺密失望而归。在回来的路上，闺蜜还抱有一丝幻想说："那么多衣服，难道就真的没有合适我的吗？"小慧告诉她根本不是衣服的原因，主要是闺蜜的腿太短、腰太粗，所以搭配起来非常不好看。小慧说完后，闺蜜一路上都黑着脸。后来，闺蜜跟她绝交了，小慧后来跟另一位朋友说："真没想到她的闺蜜是这种人，我实话实说还不是为了她好，她要是买来肯定纯粹浪费钱。"对于小慧的说辞，朋友并不知道该如何回答。其实，这世上的每一个人都渴望获得别人的赞美，有时候他们明明知道结果，但是他们还是想从别人嘴里听到。情商高的人自然会满足他们内心的渴求，而情商低的人只会摧毁他们仅剩的心理防线。看破不说破，是一种智慧，也是一种高情商的体现。朋友圈里朋友晒个图，你马上说用过美图秀秀；朋友写篇文章，你马上指出写得非常烂。总有那么多人为了逞一时口舌之快而做损人不利己的事，这些人其实很善良，但是善良得过火就是傻。一个人总说出让别人难堪的事情，等于丝毫不给别人留有颜面，这样的人的人品我觉得也不会有多好；遇到事情能优先考虑别人，在公共场合保护好别人的颜面，这样的人也必定是处世成功的人。

心里装着别人是高情商的体现，是一种让别人无法抗拒的人格魅力。在西方法庭上有一个"真话原则"，宣誓的所有人必须保证自己说的话全部是真的，法庭借此来查清事情的真相，还世间一个公道。但人的生活毕竟不是法庭，因此没有必要什么话都要说，比起无底线的尴尬，适当的赞美更会让人开心。如果在这个社会你一直心直口快，丝毫不顾虑别人的感受，那么你肯定会没朋友。

能够把握说实话分寸的人，必定是情商高的人，也是成熟的人。在社会这个大圈子里，他虽然看得穿，但从不说破，不仅顾及了别人的面子，也成全了自己的智慧。在生活中，每个人或多或少都会遇到尴尬，聪明的人会想办法化解尴尬，而不聪明的人只会放大尴尬，这说到底也是情商的体现，一个人情商的高低完全能在日常生活中展现出来。季羡林曾说："做人就应该假话全不说，真话不全说。"这才是一个人真正智慧和高情商的体现。

当别人看不到错误时，你委婉地指出来了，相信他一定会感激你。当别人陷入尴尬的境地时，即便你帮不上忙，但也尽量不要暴露对方的尴尬，如果你真这么做，相信你就是一个高情商的人。情商里藏着一个人的格局，藏着一个人未来的样子，但凡是格局大的人情商也一定会很高，前途也会一片光明。

提高情商的技巧归根结底就是一个词：善良，一个善良的人懂得为别人考虑，一个善良的人知道换位思考，一个善良的人，大家也都会欣赏和喜欢。低情商的表现是自私，善良表现是注重感情，感情深的人就是一个情商高的人善良是个珍宝，但更需要用高情商来点亮。有分寸地散发善意，遭遇尴尬巧妙化解，是他行走世间的一贯原则。他说唯有如此，双方才会开心、才会舒服、才会心安理得地享受着美好的情绪，无论是给予或是接受给予，都会从心尖上淌出暖流。

你的素质决定你的人生高度

现实生活中人往往会评论一个人有没有素质，有没有修养，什么是素质、修养，简单地说，就是一个人的言谈举止、为人处世留给人们的印象。有的人素质高、说话有分寸、有内涵，表现出一种高雅的气质，给人留下良好的印象。

绝大部分人喜欢从一个人的外观行为来看一个人的修养程度。如果一个人动不动就骂人，害人，损物，伤害别人的身体，或者做一些超出道德标准的事，就是没有修养的表现。人如果要想变得有修养，就必须注意自己生活中的日常行为，同时也要不断地扩大阅读范围，提高自己的知识素养，这样才能全面提高个人的修养水平。如果能把吸收的知识储存在脑子里，并且进一步思考它，有自己的看法和见解，然后再以自己本身的意思表达出来，则可以真正称得上是有知识有修养的人。

有修养的人就要敢做、敢当，而有些人不敢表达自己，有意见不敢在大众面前发表，只在私下议论纷纷，遇事也不敢做、不敢承当。不敢担当就不能负责，不能负责就无法获得别人的信任。所以只要是善事、好事，人们就应该要敢说、敢做、敢当。有修养的人在待人接物等方面能够处处为别人着想，有一颗宽容、善良、体谅的心；有修养的人还要常常学会鞭策自己。这就意味着不姑息自己，对自己采取严格要求的态度。

凤霞有个小学同学张超，他上学那会儿，就在班上调皮捣蛋，不学无术，班里的雅座经常是他的专利。毕业以后，大家各自求学，失去了联系。多少年在同学聚会上再相见，才发现曾经那个不学无术的张超已混得水起风生。不但拥有了一个美丽的娇妻，而且拥有丰厚的资产。年纪轻轻，就已算得上是家大业大。大家不禁对其刮目相看。

凤霞向来是个生活中疏于联络的人，加上大家都各自成家，自己也难得闲暇，就更是少有露面。虽然同学聚会后，大家都互留了电话，却也只是存入通讯录而已。只不过多年的同窗之谊，想来确实要比别人亲切些。

没想到，自从张超有了凤霞的电话号码，就三天两头打电话过来。刚开始，凤霞因着对张超在同学聚会上有了新的认识，还觉得很是荣幸。不论曾经如何，毕竟现在都长大了，张超也算活动在社会中上层的人，终究也是发小，情理待之也是无可厚非。

可是在后来，张超总是不分时间不分情况地打电话骚扰，一打电话就以想要聚聚为由要求单独见面，哪怕是凤霞身在外地，张超也会说我开着车一会儿就到，更有甚者，好几次半夜三更接二连三地打来无聊电话。这让一向自律生活的凤霞备感厌恶，最终还是将其拉入了黑名单。

本以为这么多年的成长，和现有的社会地位，可以提升整个人的素质修养，没想到，张超终究也没有提高自己的素养，固然有外在的光环围绕，却依旧难掩本质的劣陋。其实，素质，就是一个人的试金石，良好的修养才是做人的根本。一个根本就不懂得自重的人，自然不会懂得尊重别人；一个不懂得尊重别人的人，自然也不配被别人尊重。那么，人该如何成为一个有内涵的人呢？

首先做到诚实守信。人无信则不立，无信则无德。诚信是人们立足于社会、朋友圈的根基，不论在工作还是生活中人多应以诚信为准则，说话算数，怎么说就要怎么做，答应的事情一定尽全力去办，至于办的程度如何取决于人的态度，不能给以帮助的绝对不要夸下海口先承认，以免耽误了人家的时间，错过了机会。现在生活节奏是那样的快，人们的时间观念越来越强，时间就是金钱，人不能挤占别人的时间给自己方便，无论是公事私事参加什么活动，人要准时到场，拖延时间就是对别人的怠慢，是一种很不礼貌的行为，会使你的形象在人的心目中黯然失色。

其次是谦虚和善。为人谦逊是人的良好品质，古人说得好，“谦受益，满招损”，任何一个场合，如果你有傲慢的情绪或表现，多会显得对人不尊重、不礼貌，别人对你就有排斥心里，是你走向成功的一大障碍。“三人行，必有我师”，不论你有多高的文化、多好的技术、多么优越的成功条件，都有值得向他人学习的东西。人类是生活在群体里的，一个人的精力、能力、生命是有限的，人不可能在有限的范围内了解、掌握整个社会的知识和经验，虚心请教他人会让人的工作生活更加顺利。

人不能因为自己有一技之长就津津乐道，认为自己比别人高人一等，处处在别人面前展示，那样会伤他人自尊；帮助了朋友也不能挂在嘴上，特别是当朋友的家人或亲戚在场的时候不要提及，要以真正关心、爱护朋友的心对待朋友，语言要和善可亲，不急、不粗鲁、不固执，就像对待家人一样，以一种平和、安详的外在气质与他人交往。

三是理解宽容。对人要大度宽容，善解人意，理解他人的难处、苦衷，不要咄咄逼人，要给他人缓冲的机会，给人宽容也是给自己宽容，这是人情感交流的基础，也是建立友谊的桥梁。每个人成长的环境、现实生活范围、空间都不同，对待事物的观点和价值取向存在差异是很正常的。在工作上多给朋友、同事制造宽松愉快的环境，做一个助人为乐的人，当他们有困难时主动伸出援助之手，尽力而为；在生活上，多关心理解他人，包括理解他人的需要和行为习惯、对事物的立场、观点、看法和态度，不要过多争论，分个你强我弱，可以保留自己的意见但不能强迫别人与你一致。

如果在交往中朋友伤了你的面子或伤及你的利益时，只要无大碍都要适当地给以宽容，当然不是放弃原则的纵容和姑息迁就，对邪恶和居心不良的人要表明态度，严厉指出。

四是要有一定的文化知识和丰富的社会阅历作支撑。如果知识水平低下，显得很肤浅；一个人的文凭并不重要，重要的是人在日常生活中要努力学习，积极上进，不断地修炼自己，有了深厚的文化抵御和丰富的社会经验，会使你的为人和处事上一个层次，让人心悦诚服、肃然起敬，这就要求人不断地学习，不断地进取，博采众家之长，弥补自身之短，日积月累，厚积薄发。

总之，要想被人尊重，在激烈的社会竞争中站稳脚跟，就得加强学习，不断提高文化素养、积累经验，做一个有内涵的人。

多读书，你的心里就充满阳光

对于书籍，牛顿有句经典名言："如果说我曾经看得远一些，是因为我站在巨人的肩膀上。"这就是名著的力量。无疑，书籍是人类最好的朋友，读书能让人变得聪慧、善良、谦逊……

著名的哲学家周国平曾出版一本散文集《善良丰富高贵》，他在《善良丰富高贵》这一章节中说："如果我是一个从前的哲人，来到今天的世界，我会最怀念什么？一定是这六个字：善良、丰富、高贵。"

2018 年 2 月 7 日晚，复旦附中高一女生武亦姝夺得央视《中华诗词大会》节目的冠军，并在一夜之间走红。武亦姝长相斯文，戴一副眼镜，在比赛现场神闲气静、从容应对，最终以《诗经》里"七月在野，八月在宇，九月在户，十月蟋蟀入我床下"一句在"月"字"飞花令"环节胜出。对于她的表现，很多网友表示服气。

中央民族大学副教授蒙曼这样评价武亦姝："诗歌的真善美是渗透到她心里去的，她的谦逊不是装出来的，而是有诗意在心中，她站在那里气定神闲的样子，诗意就出来了，这就是所谓的'腹有诗书气自华'。"

但很快对她负面的评价也出现在网络上，甚至有网友吐槽她的相貌，网友A君说："都说武亦姝漂亮，为什么我反而觉得她长得好怪异，就像一条蛇一样，虽然有个头，但一点也不美。她不仅嘴边的痣不好看而且脑袋太小，和身高的比例完全不匹配，耳朵和眼睛更不好看，说话的声音就像个男人。”

从这两个人对武亦姝的评价里，完全可以看出他们的区别。读书多的人对事物的看法总是恰到好处，而读书少的人总喜欢鸡蛋里挑骨头，因为读书少，所以见识少，说出的话也让人难以接受，如此循环往复，整个世界他都会觉得很丑。

俗话说，人怕出名，猪怕壮，这话一点也不假。武亦姝出名后，很多肤浅的人开始不再关注她在诗词上的造诣，而是非常关注她的相貌，想通过自己的言论来博取大家的眼球。其实这群人相当无聊，他们从来不去关注别人的才能，而是对爹妈给予他们的相貌津津乐道。其实，这世界上有一群很无知的人，他们活在世上的使命仿佛就是为了嘲笑别人。他们从来不去看别人的长处，而是费尽心机去寻找别人的短处，一旦找到后就大肆放大，仿佛哥伦布发现了新大陆。通过这段时间的调查，我突然发现越是读书多的人，他们的素质越高，在评论人的方面也越中肯。

在这个社会上，有一大批人觉得读书就是在浪费时间，他们从事着繁重的劳动工作，从来不去想如何改变，而是整天怨天尤人，发现不了这个世界的美好。但读书多的人却更加脚踏实地，因为他们知道一味地埋怨是没有用的，凭着自己的知识储备完全有能力在这个美丽的世界中立足。

其实，读书多的人就是能看到事物美好的一面，读书少的人才会在事物的丑陋面上大做文章。一年前，小勇到一家单位实习，平常他的工作不忙，领导让他闲暇时间多读读书，但是小勇从来不听，他把大量的空闲时间用在了玩游戏上，主任交代的工作也是应付了事。

在他沉浸在游戏的世界里时，单位里又来了一位小伙子，这位小伙子不仅知识储备量非常大，而且做事非常主动，每次有事主任都让他去做。

有一次，小勇和朋友在一起吃饭，他对朋友说：“他的单位来了一位特别丑的小伙子，真没想到这么丑的人单位也会聘请。”当朋友看了小勇手机上的照片时，心里突然有些不痛快。朋友说：“我觉得他不丑啊。”小勇白了朋友一眼，便不再说话。

其实，朋友知道小勇并不是真的觉得对方丑，而是嫉妒对方比他有才华，因为明知自己在知识上比不过人家，所以就会肤浅地和人家比相貌，因为他书读得少，所以他眼里的世界也是丑陋的。

当一个人看任何事都觉得很肤浅时，他就应该静下心来好好读书了，有时候一本好书完全可以改变他的一生。读书少，人抱怨得就多，抱怨生活的不如意，抱怨生命不会善待自己。时间长了，人甚至觉得这一切是上苍对不起人。读书少，人的负能量就多，总是拿出大量的时间来嘲笑读书多的人，其实这一切都是心虚的表现。

读书多的人，心态都非常积极，良良的父母是地道的农民，虽然当时他没有考上大学，但是他一直在读书，后来通过自考实现了自我的价值，并成为当地一所好学校的老师。他说："如果不读书，那么我现在肯定和父母一样继续和黄土地打交道，早早地结婚生子，过着一份朝不保夕的生活，理想和情怀也成为奢侈的事情了。"

读书多的人和读书少的人他们的价值观是完全不一样的，前者遇到事物能明辨是非，能很好地解决生活中遇到的事情，他们的人生往往也会一帆风顺，而后者却只会怨天尤人，总是为自己的失败寻找借口，人生的事业也充满坎坷。

读书少的人，他们的世界是黑白色的。他们看不到这个世界的绚丽多姿，看不到别人的内在，唯一能看到的就是最表面的东西。如果你有时间，那么别怨天尤人了，拿起书本努力读吧。一个勤于读书看报，勤于思考和实践的人，会变得睿智、儒雅、大度、自信。腹有诗书气自华，读书不仅可以丰富人的知识，还可以改变人的心态，在经典与大师的指引下，让人这些世俗之人都能够快乐的阅读、幸福的生活。

第4章

放弃并不等于丢了韧性

有些事不能轻言放弃

在人的一生中放弃是一种胸怀、气度、智慧，所以当人们在倡导放弃时，就要大胆放弃。但放弃并不意味着随意，人的一些观念、理念、价值是不能轻易放弃的。比如信仰、理想和对真善美的追求等。人在这些方面反而需要的是不懈的坚持。俗语说：世上无难事，只怕有心人。这个心，指的就是恒心，有了恒心，不轻言放弃，再困难的事也能成功。没有恒心，遇到困难就退缩，则一事无成，再容易的事也会成为困难的事。

从前有一只美丽的小鸟，很想学一套不平凡的本领。一天，它看见喜鹊在大树上造房子，觉得造房子很有意思，就跟着喜鹊学。开始学得很认真，但是，没过多久就厌烦了。它认为天天衔树枝，太枯燥了，就不再学造房子了。

一天，它听见黄鹂唱歌。心想：这样好听的歌声，多不平凡啊！就跟黄鹂鸟学唱歌。但是没过多久，它又说："学唱歌太辛苦了，得天天吊嗓子，我可受不了。"它又不学了。

后来，它又跟大雁学飞行，跟老鹰学打猎，也都是有头无尾。直到头发白了，什么也没学成。到了老年，它很后悔，为了让后代永远记住这个教训，就把满头白发传给了子孙。所以它的子子孙孙都长着一头白发，人们叫它们白头翁。

白头翁这种缺乏恒心，轻易放弃的教训值得每个人吸取。天下事最难的不过十分之一，能做成的十之八九。坚忍不拔的毅力、百折不挠的精神、坚贞不屈的品质，常常用来作为恒心的内涵。要想成就大事大业，尤其要有恒心，但是有恒心，并非与果断放弃不相容。有恒心是对的，但是不能盲目地浪费恒心，当选择出了差错的时候，就要毫不犹豫地放弃。

一个人之所以成功，绝对不是靠上天恩宠，而是靠日积月累的自我塑造，因此千万不能存有侥幸心理。幸运、成功永远只会属于辛勤劳作的人，有恒心不轻言放弃的人，能坚持到底的人。

“冰冻三尺，非一日之寒”，从中就能品出恒心来。一日曝之，十日寒之；一日而作，十日所辍，成功的概率几乎为零。

现在流行一种病，就是浮躁。很多人总想一夜成名、一夜暴富。比如投资赚钱，不是先从小买卖做起，慢慢积累资金和经验，再把生意做大，而是像一个赌徒一样冒险，借钱做大生意，进行大投资，结果输得倾家荡产。网络经济一度充塞了泡沫。有人并没有认真分析研究市场，也没有慎重考虑它的巨大风险性，只觉得这是一个发财成名的“大馅饼”，一口吞下去，结果撑不了多久，草草倒闭，白白扔掉了许多钞票。

俗话说：滚石不生苔。坚持不懈的乌龟尚能快过灵活迅捷的兔子。如果你能每天学习 1 小时，并几年如一日地坚持下去，所学到的东西，肯定远比坐在教室里接受四年高等教育所学到的多很多。正如布尔沃所说的：“恒心与忍耐力是征服者的灵魂，它是人类反抗命运、个人反抗世界、灵魂反抗物质的最有力支持，它也是福音书的精髓。从社会的角度看，考虑到它对种族问题和社会制度的影响，其重要性无论怎样强调也不为过。”

大发明家爱迪生也曾说：“我从来不做投机取巧的事情。我的发明除了照相术，没有一项是由于幸运之神的光顾。一旦我下定决心，知道我应该往哪个方向努力，我就会勇往直前，一遍一遍地试验，直到产生最终的结果。”

坚持不懈，不轻言放弃不是一时的冲动，而是需要养成一种习惯。养成不轻言放弃的习惯，会让你慢慢变得坚强，不把事情做完的话，你就会感到自己像个没有志气的懒虫。如果你不敢肯定能不能把工作完成，就很难开始做另外一件新的事情。这是很重要的一点。因为从事的工作可能只花几个小时，也可能要花许多年。不管用多少时间，你都得面临一个问题：是完成这件工作呢，还是放弃它？你最好一开始就弄清楚自己是不是真的想要去完成它，它是不是你有能力去完成的？要不然你何必花这些心力和体力呢？

如果你在某一领域是专业人士，你的成功目标就是成为这一领域的群雄泰斗，那么就不能是简单地把计划完成，你必须把作品展示出来，接受别人的评点。不要把你的小说只给一家出版商看，如果这一家接受了，就全盘放弃。你必须一直努力，给很多家出版社看，一定要给自己的作品创造充分展示的机会。

如果你为了完成这个计划已经付出了很多，那就坚持下去，最艰难的时候，往往是离成功最近的时候。告诉自己，既然选择了就不要轻言放弃。说服自己，这就是最适合自己的。

在现实生活中，有许多东西需要人珍惜，需要人不轻言放弃。人类社会之所以充满温情，在于主流社会推崇真善美。做好人才会感到内心自在，生命里才会洋溢着自由和幸福，因此，不要轻易放弃做好人的信心。

太多青少年把太多的光阴和精力花在偶像崇拜上，以致荒废了学业，贻误了青春。能够断定，大多数明星都无法漠视别人的追捧。对明星而言，追捧意味着成就，意味着拥有光明的前途，意味着财源滚滚。可是你整天沉迷于电视剧、歌碟、演唱会中，明星们却在实现着他们的价值，而你，任凭时间无情地流走，你最终获得了什么？人应当娱乐，在娱乐中获得新知，但娱乐毕竟是娱乐，沉迷其中，不会成就你的事业，因此，不要轻易放弃自己的追求。

人常常在镁光灯下看成功人士的无限风光，时时感叹为什么别人那么伟大，自己却这么卑微？造物主怎能如此的不公，将美丽、智慧、健康通通馈赠给了别人，而自己却每每倒霉？真的如此吗？人人有本难念的经。成功人士内心其实也有很多痛楚，他们也不总是春光满面。只是，经过剪辑、屏幕过滤，以及蒙太奇的技术化处理，人通常只能看到那些闪光点，只能看到他们“要风得风要雨得雨”的样子，只能看到他们的青春靓丽和倜傥风流。往往在他们发生意外时，人才发现他们原来也与人一样，因此，不要轻易放弃对自己的尊重。

总能看到听到一些人少年得志，十几二十岁便走红大江南北，出入有宝马，居家住别墅，贴身带随从，尤其是在这个信息发达的时代。许多风光的艺人、运动员、富豪，他们竟然比大多数人还年轻，而名声抑或财富却比人要多得多。对此，人可以祝贺与赞赏，却没必要羡慕，更没必要自惭形秽。人生的目标不同，每一个人的人生都自有他的前进轨迹。而你要做到的就是坚持自己的目标，保持一种恬淡的心态，从容地面对生活，总会在人生的某一阶段找到属于自己的成功。因此，有些问题是不能轻言放弃的。

只要有一线希望，就不要放弃

在人生的道路上，每个人都不可避免地跌跌撞撞地跋涉在人生的旅途中。在很多情况下，我们都会遇到挫折，但并不能单凭一时的失利，而判断自己是成功了还是失败了，所以在生命的任何阶段，我们都不能泄气，都要充满希望。

俗话说："失之东隅，收之桑榆。"成功的道路不止一条，当你感觉眼前的这扇窗实在推不开，就要意识到这扇窗子是否打错了。将另一扇窗打开，你会发现，呈现在你的面前的仍然是美丽的世界。

哈兰·山德士是肯德基炸鸡的创始人。他曾经营了一家汽车加油站，但不久受经济危机的影响，加油站倒闭了。第二年，他又重新开了一家带有餐馆的汽车加油站。

但是，一场无情的大火把他的餐馆烧了。他最终还是振奋起来，建立了一个比以前规模更大的餐馆。可是，厄运又找上门来。因为附近另外一条新的交通要道建成通车，卡耐尔餐馆前的那条道路因而变得背街背巷了，顾客也因此而剧减。

后来，山德士放弃了餐馆。他不想再保留那个极为珍贵的专利——制作炸鸡的秘诀——调味酱。每售出一份炸鸡他将获得 5 美分的回报。5 年之后，出售这种炸鸡的餐馆遍布美国及加拿大，共计 400 家。当时，卡耐尔已经 70 多岁了。1992 年，肯德基炸鸡的连锁店共扩展到 9000 家。

纵观山德士的一生，我们不难发现：危机正是机遇。最危急的时候，也就是你的爆发力发展到最大的程度的时候。因而，你才更容易抓住机遇，夺取成功。

有一位在银行工作的人，立场要读研究生。大部分的参考书，被他翻来覆去地看了许多遍。可以说，他已经准备得相当充分了，但连年考试他都榜上无名。

在业余时间，很多同事或朋友总拿来一些古币请他鉴别，他耐心地回答每一个问题。到后来，由于请教的人实在太多了，于他想自己何不编写一本《中国历代钱币鉴别手册》呢？一则可以将自己现有的关于钱币的知识系统化、清晰化；二则可以给喜欢收集、鉴别钱币的朋友提供查询的方便。

几个月之后，他终于完成了这本书的编写。这时，恰好一家出版社看中了这本书，首次印了 2 万册。不到三个月的时间，书就被销售一空了。

一个成功的商人，不幸患上了白内障，视力严重受损。他别说阅读书了，连外出驾车都极其困难。在那段举步艰难的日子里，书给他带来了极大的安慰。但因为视力不好，他深深地感受到了视力不好给他阅读带来的不便，于是他决定寻找一种能够容易阅读的文字。

经过一年多的努力，他发现在纸上印有粗线条的斜体文字，不但对视力有障碍的人有帮助，也能提高一般人的阅读速度。于是他把自己仅有的 15000 元钱取了出来，把自己研究出来的结果整理好，印刷出版了。新书一上市，第一个月就接到了 70 万本的订单……

上天对与每个人都是公平的，当命运之门一扇接一扇地关上时，我们永远也不要怀疑，因为总有一扇窗会为你打开。世界上任何事情都是多面的，我们看到的只是一个侧面，这个侧面让你痛苦。但如果你反过来，看一看它的背面，可能这个背面就可以让你快乐。

而对我们来说，当挫折接连不断，失败如影随形时，我们永远要相信，总有一扇窗在为你打开！我们要努力找到这扇窗，不要放弃要坚持到底。

只要心中还有一线希望，无论来自外界的不幸是怎样沉重，无论源于自身的灾难是如何巨大，脚下总会有一条新的道路。这个世界上，从来没有什么真正的“绝境”，快乐和痛苦都是相对的。无论黑夜多么漫长，朝阳总会冉冉升起；无论风雪怎样肆虐，春风总会缓缓吹拂。“山重水复疑无路，柳暗花明又一村。”很多时候人都因为进退无路而垂头丧气时，却不知道身旁已经有扇窗为自己开启。

泰戈尔说过：“错过太阳了，如果你还在流泪，那么你就要错过星星了。”面对困难和挫折，如果人及时放弃沮丧和痛苦，只要永不绝望，一定可以超越它们，领略到星星的光辉和美丽。人最大的敌人就是自己，只有战胜自己才能面对一切。在任何时候，只要还有努力的机会，人都要放弃埋怨，放弃悲观，积极地投入到拼搏中，因为事情总会有转机的。

很多挫折和困难并不可怕，可怕的是人先在思想上被打倒。遇到困难，只有两种结局：要么打倒困难，要么被困难打倒，当人真的跨过去时，人就会觉得这只是一种经历而已。“塞翁失马，焉知非福”，很多时候，困难和挫折何尝不是一种机遇？就像前面提到那位白内障患者，如果不是因为眼疾，他也许就不会有这项成就，因为他不会有这种特殊的体验。

茫茫人海中，人总希望寻找一份永恒的快乐与幸福。但是，生活并非像人想象的那样一帆风顺，而是伴随着狂风暴雨、急流险滩，使人经常陷入极度的痛苦与失望中。这时，失望就像一只罪恶的手撕扯着人，企图把人拉向无底的深渊。在这“万劫不复”的时候，希望就成为人心中温暖而灿烂的太阳，因此，要相信总有一扇窗是为自己打开的。

痛苦、失败和挫折是人生必须经过的阶段。哭是一生，笑是一生，人倒不如每天给自己一个希望，给自己一份豁达的心情，勇敢地面对生活中的酸甜苦辣。受挫一次，对生活的理解加深一层；失误一次，对人生的领悟更添一层；磨难一次，对成功的内涵更透彻一层。从这个意义上说，想获得幸福，想过得快乐和充实，首先就得真正领悟失败、挫折和痛苦。

每一个人都有自己的最高理想，但是只有少数人成功地实现自己的理想，原因就在于大多数人缺乏永不绝望的信念，永不绝望，就是无论身处何地，心中永存希望，只有永不绝望，人才能用忍耐去寻找机遇、创造机遇，才能慢慢地踏上成功之路。

放弃就别心疼，珍惜就要用心

孟子说："人有不为也，而后可以有为。"当一个人什么都想得到，什么都想得到，就会承受到强有力的生活压力，变成生活中的侏儒。所以，当你要想超常发挥某一长项，就必须先放弃许多东西。

所以，"无为"并非"什么都不做"，而是要抓住"道"，抓住事物中最本质，即最关键的东西。纯粹的有为（过度的作为）只会劳心伤神。纯粹的无为（不作为）则是庸碌的表现。所以，生活中没有绝对的有为，也没有绝对的无为。生活需要抓住本质的东西，进而"牵一发而动全身"。

有所为有所不为就是正确的取舍，正确的选择与放弃。正确选择了，才能正确做事，选择对了，才不会枉走弯路或误入歧途；放弃是另一种更广阔的拥有，是为了能够做出更好的选择。敢于放弃的人精明，乐于放弃的人聪明，善于放弃的人高明。

世界首富比尔·盖茨就是一个懂得有所为有所不为，懂得适时放弃的人。当年仅 44 岁的比尔·盖茨宣布辞去微软公司首席执行官（CEO）职务，由现任史蒂夫·巴尔默接替他的位置时，人们都对此议论纷纷，表示难以理解。而盖茨却以简单的几句话释去人们的心头疑问："我希望以全部的时间用于我酷爱的事业——设计软件、规划未来。我和微软已经度过了不起的 25 年，而我一生中的高潮还未到来。我会与新团队精诚合作，开创微软更美好的明天。"

为了“酷爱的事业”，为了微软公司更好地发展，比尔·盖茨毅然辞去了CEO的职位，把全面掌管微软的日常业务、协调产品和人力资源的大权交给了巴尔默，而自己只负责公司的软件设计。这次正式加冕后，巴尔默还将进入微软董事会。把“舍得”放到人人为我、我为人人的思想境界，是人生的一种大智慧，大气魄。比尔·盖茨就是这种拥有大智慧的典范。微软能获得如此辉煌的成功也就不难理解了。

所谓舍与取，不为与有为，通俗地讲就是不要分不清主次、轻重，胡子眉毛一把抓，要抓本质、抓关键。在统揽全局、权衡利弊的情况下，扬长避短，发挥优势，突出重点。人们知道，人的时间和精力是有限的，而工作、事务却是没完没了的，并且千头万绪、复杂纷纭。如果人什么都去做，那是不可能的，也是非常有害的。这样必然整天忙忙碌碌，身心疲惫，该做的事做不好，也搞垮了身体。尤其是不能做自己没有能力做好的事情，以免劳而无功甚至贻害无穷。

不会“舍”的人就不善于“取”；无所不为的人，反而可能无所作为。生活有追求就会有更多的放弃。对普通人来说，由于利益所在，下决心放弃也是一种困难；事业刚开个头儿就要放弃，实在心有不甘。许多人为这种不愿割舍的情愫付出了沉重的代价。做人应见机行事，当舍则舍，如果摇摆不定，迟迟不前，必然会造成遗憾。

从容果敢、当机立断不仅意味着临危不乱而且意味着辩证取舍。鱼与熊掌不可兼得之时，是舍鱼还是舍熊掌，必须要做果断的抉择。一个人只有明辨取舍才会做到有所不为有所为。“有所不为”的人才会大有作为。一个人只有做到以超脱的心态对待世事的纷繁和干扰，才有可能倾其全力专攻重点领域并有所突破。

每一位渴望成功的人，尤其是那些处在创业阶段的奋进者，一定要时时处处防范自己，不要滥铺摊子、滥用精力、四处出击，而应当像锥子那样，钻其一点，各个击破，让自己在某一方面显示出特长，这样才能赢取更大的成功。

那些自以为多才多艺、精力超群的人，看起来样样懂，实际上样样都只通一点皮毛。这样，别人可以“一样先，吃片天”，而你却无所适从，因此痛失获得成功的各种机会。

任何有所为的人，都不会在所有领域里都有作为的。就算在某一领域里，也不是每一方面都有所建树。全知全能无非是天真的幻想，聪明的人绝不会四处出击，样样都深入，门门争第一。你的每一种欲望都会跟你的另一些欲望发生冲突。如果你疲于应付，就会被折磨得不胜烦恼。长期东一榔头，西一棒子，你的精力就会被耗空，最终将一事无成。

除了极少数天赋极高的天才在不少领域都能所获极丰外，多数人，就算是才气过人的智者，也没有可能样样都精通。从千百万个成功者的身上，人们能够发现一个共同的事实：他们几乎都是从自己的兴趣、特长起步，果断进行战略决策，明确自己的主攻目标，再“缩小包围圈”，向此目标步步逼近，最后一举成功。

那些在事业上有所作为的人无不是懂得限制自己的人。无不是在明确了目标后，根据自身的兴趣、特长和现实需要，在众多的选择中撷取其一，放弃其他，然后集中“优势兵力”，围攻某一领地。有些人在一生中，任何时候都非常清楚取舍的辩证关系，知道自己应该追求什么，应该舍弃什么，总是能够将自己的精力、才能集中于某个领域，并创出骄人业绩。如德国哲学家黑格尔终其一生在哲学的矿藏中挖掘，终成大师。他的体会非常深刻：“一个志在有大成就的人，他必须知道限制自己。反之，那些什么事情都想做的人，其实什么事都不能做，而终归于失败。他必须专注于一事，而不可分散他的精力于多个方面。”

很多人在面临人生选择时，总是害怕失败，害怕选择，宁愿在原地里打转，糊里糊涂，任其自然，走一步算一步，也不愿自主选择，积极地掌控自己的人生。但是，人一生中，又需要做出太多的选择，无论是在爱情、婚姻上，还是在工作、事业上，很多时候，你不及早做出选择，到最后就会无可选择，陷入被动局面。

不同的选择导致命运的迥异。错误的选择会让人走尽弯路，辛苦一生却一无所获，或走入歧途，酿成人生悲剧；量力而行，睿智选择，才会让人一帆风顺，成就完美人生。

人一生中需要放弃的也太多，放弃不能承受之重，放弃心灵桎梏，放弃摇摆，该放弃时就要放弃，有主见地、毫不犹豫地放弃。放弃是一种超越，一种生存智慧，只有放弃才能成就选择。不懂得放弃就会背负沉重的压力，长期为痛苦所困扰；懂得放弃让你避免许多挫折，生活更顺利。纷繁复杂的社会现实需要人保持清醒的头脑，更直观、更理性地认识自己，认识社会，在漫长的人生旅程中正确选择，适时放弃，果断放弃，走好人生的每一步棋，把握好自己的命运，早日实现成功。

不想平庸就必须珍惜时间

“你热爱生命吗？那么别浪费时间，因为时间是组成生命的材料。”富兰克林说。时间就是金钱，是一种不能再生的特殊资源，一切节约归根到底都是时间的节约。

浪费时间是大多数人的一个共同毛病，因为在人的眼里，时间根本算不得什么，这其实也是人之所以平庸的原因。对于人常人来说，要想摆脱平庸，就必须比别人多花费时间，只有赢得了时间，才能取得成功。

下面这个“一生磨一镜”的故事，可能会让人每个人大吃一惊：

在荷兰一个小镇，一个刚初中毕业的青年农民找到了一份替镇政府看门的工作。他在这个门卫的岗位上一直工作了 60 多年，他一生没有离开过这个小镇，也没有再换过其他工作。

也许是工作太轻闲，他又太年轻，他想打发时间，但他骨子里又不愿意空耗时间。于是，他选择了又费时又费工的打磨镜片当自己的业余爱好。就这样，他不停地磨，一磨就是 60 年。他是那样的专心细致和锲而不舍。他的技术已经超过专业技师了，他磨出的复合镜片的放大倍数，比专业技师的都要高。

借着他研磨的镜片，他终于发现了当时科技尚未知晓的另一个广阔的世界——微生物世界。从此，他声名大振，只有初中文化的他，被授予了在他看来是高深莫测的巴黎科学院院士的头衔。就连英国女王都亲自到小镇拜会过他。

创造这个奇迹的就是科学史上鼎鼎大名的活了90岁的荷兰科学家万列文·虎克，他利用每一分钟时间把手头上的每一个玻璃片磨好，用尽毕生的心血，终于他在时间中看到了他的上帝。

用60年时间来换取一个伟大的发现，人们都会说："值！"但是真的要人花上60年，哪怕是6年时间来专注某件事情，人会发觉那是很难做到的。实际上，一辈子能做好一件事也并不是一件容易的事。

成大事者都十分珍惜自己的时间，他们无不设法回避那些消耗他们时间的人，希望自己宝贵的光阴不要因为别人而多浪费一刻钟。

在富兰克林报社前面的商店里，一位犹豫了将近一个小时的男人终于开口问店员了："这本书多少钱？""1美元。"店员回答。"1美元？"这人又问，"你能不能再便宜点？""它的价格就是1美元。"

这位顾客又看了一会儿，然后问："富兰克林先生在吗？""在。"店员回答，"他在印刷室忙着呢。""那好，我要见见他。"这个人坚持要见富兰克林。于是，富兰克林就被叫了出来。这人问："富兰克林先生，这本书你能出的最低价格是多少？""1美元25分。"富兰克林不假思索地回答。"1美元25分？你的店员刚才还说1美元1本呢。""这没错，但是，我倒情愿给你1美元，但我也不愿意离开我的工作。"

这位顾客惊异了，他心想，算了，结束这场自己引起的谈话吧，他说："好，这样，你说这本书最少要多少钱吧。""1美元50分。""又变成1美元50分？你刚才不是说1美元25分吗？""对。"富兰克林冷冷地说，"我现在能出的价钱就是1美元50分。"

这人默默地把钱放在柜台上，拿起书出去了。这位著名的物理学家和政治家给他上了终生难忘的一课：对于有志者，时间就是金钱。

人的生命是有限的，因而时间就显得弥足珍贵。有志者都是非常吝啬时间的，因为对他们来说，时间就是金钱，时间就是效率，时间就是成功的砝码。所以人不仅要懂得好好利用自己的时间，同时也要好好珍惜别人的时间。

商人是将时间利用得最好的，他们最可贵的本领就是与人进行任何交往都简捷迅速，这是成功者的证明书。善于应对客人的商人，都会在接到来客名单之后，就事先预定要花多少时间。老罗斯福就是这样一个模范人物：当一个久别重逢只求会见一面的客人到来时，他总是在握手寒暄之后，便很抱歉地说，他还有许多别的客人要接见，这样一来，来客就会很简洁地道明来意，很快告辞而返了。

有无数大公司的经理以及高级职员，都具有这种经过多年经验学来的节约时间的本领。有不少实力雄厚、目光远大、吃苦耐劳的大事业家，都是沉默寡言而办事迅速敏捷的人，他们所说出来的话，句句都是确切而直达目的地，他们从不多耗费一点一滴的宝贵时间。

现代商界中，与人洽谈生意，能利用最少时间产生最大效力的人，首推美国银行大王摩根。他每天上午 9：30 来到办公室，下午 5：00 下班。有人计算他每分钟的收入是 20 美元，据说按照他自己的统计还不止此数。除了与生意有重要关系的人接洽外，他从来不与人交谈超过五分钟。

他总是在一间宽敞的办公室里，与无数工作人员一同工作，而不像许多商界要人，只和他的秘书在一个房间里。他随时都在指挥手下的员工，依照他的计划行事。如果没有要紧的事，他绝对不欢迎任何人来访。

摩根有卓越的眼力，他能够猜测一个人来洽谈什么事情。别人对他说话，一切转弯抹角的手段都会失去效力，这样为他节省了许多宝贵的时间，对于没有什么重要事情，只是为了想找个人谈天，而去耗费工作繁忙的人许多宝贵光阴的人，摩根是不能容忍的。

人每个人最宝贵的财产就是自己手中的时间，好好地安排时间，就是对自己财产的打理；好好地利用时间，也是人摆脱平庸、赢得成功的重要途径。

梦想的脚步，还是别停了

梦是一种欲望，想是一种行动。梦想是梦与想的结晶。每个人都拥有自己的梦想，或大或小，或高或低，或远或近。一个人有梦想才会有追求，有追求才会有收获，有收获才会有幸福。人因为梦想而充满希望，因为梦想努力奋斗而精彩。梦想是美好的，梦想是有力量的，是人生前进的动力之源。

在很早的时候，人类就有一个梦想，希望可以像鸟儿一样遨游天空，自由自在地飞翔，为此人类做出了不懈的努力。

希腊神话中就有伊卡罗斯和戴达罗斯父子粘羽毛飞天的故事，他们以为装上个翅膀就能实现飞上蓝天的梦想。结果他们有的摔断了胳膊，有的为此献出了生命。因为他们没有考虑人的身体太重这个因素，他们做的翅膀远远不能承载身体的重量，由此也酿出了一系列的悲剧，再加上限于当时的科学条件等种种因素，人们飞上蓝天始终只能成为一个美丽的梦想。然而人类始终没有放弃这个美丽的梦想，直到美国莱特兄弟的出现，终于把人类的这个梦想变成了现实。

莱特兄弟一直希望实现人类自由飞翔的梦想。他们在童年时代就曾经利用邻居店里的坏车，改制成可以使用的人力运货车。1894 年，他们开设了一家自行车店，进行改装和修理自行车。这时候，德国的奥托·里林达尔试飞滑翔机成功的消息，更坚定了他们的梦想，使他们立志飞行。

1896 年，里林达尔因驾驶滑翔机失事身亡。这个消息对莱特兄弟来说无疑是个打击，但他们依旧没有放弃梦想，而是促使他们把注意力集中在飞机的平衡操纵上面。为此，他们还特别研究了鸟的飞行。他们首先观察老鹰在空中飞行的各种动作，然后一张又一张地画下来，之后才着手设计滑翔机。此外，他们还深入钻研了当时几乎所有关于航空理论方面的书籍。这个时期，航空事业连连受挫：飞机技师皮尔机毁人亡，重机枪发明人马克沁试飞失败，航空学家兰利连机带人摔入水中等。这使大多数人认为依靠自身动力的飞行是完全不可能的。而莱特兄弟却始终没有放弃努力，他们坚信自己的梦想能够实现。

1900 年 10 月，莱特兄弟终于研制成功了第一架滑翔机，并把它带到离代顿很远的吉蒂霍克海边，这里十分安静，周围既没有树木也没有民房，而且这里的风力异常大，非常适宜放飞滑翔机，他们决定在这里开始进行滑翔飞行试验。

1900 年至 1902 年期间，莱特兄弟除了进行 1000 多次滑翔试飞之外，还自制了 200 多个不同的机翼进行上升次风洞实验，修正了里林达尔的一些错误的数据，设计出了较大升力的机翼截面形状。

1903 年，莱特兄弟制造出了第一架依靠自身动力进行载人飞行的“飞行者 1 号”。12 月 14 至 17 日，“飞行者 1 号”总共进行了 4 次试飞，地点在美国北卡罗来纳州基蒂霍克的一片沙丘上。第一次试飞由奥维尔·莱特驾驶，共飞行了 36 米，留在空中的时间为 12 秒。第四次试飞由韦伯? 莱特驾驶，共飞行了 260 米，留在空中时间是 59 秒。

这架在航空史上具有非同寻常意义的飞机，现在依然陈列在美国华盛顿航空航天博物馆内。莱特这对传奇式的兄弟，从真正的意义上实现了人类能够翱翔蓝天的梦想，他们也因此被世人永远记住和怀念。

莱特兄弟的成功源于他们坚持自己的梦想，如果他们没有飞上蓝天的梦想，如果没有一直坚持，如果没有为此不懈的努力，都是不可能实现梦想的。如果轻易放弃梦想，那么，梦想只能是梦想：只有坚持到底，梦想才可能变成现实。只有无论如何都不放弃自己梦想的人，才可能让自己告别平庸，才可以美梦成真。许多人之所以平庸一生，并不是没有梦想，而是太容易就放弃。

一位哲人说："你的梦想就是你的主人。"梦想是深藏在人们内心最深切的渴望，是成功的原动力，梦想能激发一个人命运中的所有潜能。梦想不是理性的计算，而是一种情绪状态，这种情绪状态是以热情的方式展示的，这种热情可以让自己创造出无法想象的奇迹。

人是不能没有梦想的。试想人连想都不敢想或不去想的事，肯定是不会去做的，不会做也就不会有成就。在一般情况下，一个人所做的事是不会超过他的梦想的。所以梦想对每个人来说都是必需的，有梦想并坚持不懈努力，才有可能成功。

事实上，人和人的差别不过是那么一点点，然而这细微的差别却有着截然不同的结果。在失败中，大部分人其实是自己放弃了成功的希望，而不是被别人打败的。他们的人生被过去的种种失败和疑虑所引导和支配，预期得到的是最糟糕的东西，而且确实会得到。而成功者正相反，他们始终充满乐观的精神和积极的思考，他们永远有梦想，并且能够坚持不懈。

美国著名发明家爱迪生 20 岁出头开始研究电灯，历时十余年，他先后选用了竹棉、石墨、钼等上千种不同物质作灯丝材料进行试验。他工作起来经常通宵达旦，功夫不负有心人，最终找到钨丝做电灯材料。这一发明，对人类的发展具有划时代的意义。爱迪生的成功与坚持梦想是紧密相连的，坚持梦想需要一千次跌倒，还要一千零一次爬起来的勇气。

世界上有两种人：空想家和行动者，空想家们善于谈论、想象、渴望……甚至于设想中做大事情，而行动者则是去做。行动者比空想家做得成功，是因为行动者一贯采取持久、有目的的行动。而空想家很少去着手行动，或是刚开始行动便很快懈怠了。行动者具备有目的地改变生活的能力，他们能完成非凡的事业，不论是开创一个自己的公司，还是写一本书，或是拥有健康的身体，再或是参加马拉松比赛以及其他事业。而与此形成鲜明对比的便是空想家只会站到一边，仅仅是梦想过而已。

雨果曾经写下了这样的诗句："没有比梦更能实现未来的了，今天先有个骨架，明天便可以加上肉及血。"有了梦想人会变得伟大，而没有梦想会让人自甘平庸，碌碌而为。这也是成功者和失败者非常重要的一个分水岭。

从变化中寻找机会

世界潜能大师博恩·崔西对青年人有这样一个忠告："很多事情之所以会失败，就是因为没有遵循变通这一成功原则。"有位哲学家说："你改变不了过去，但你可以改变现在；你想要改变环境，就必须改变自己。"在今天，无论是做人还是做事，人都应该努力让自己掌握"变则通，通则久"这一个高超的智慧法则。

一颗种子落在土里长成树苗后，最好不要去轻易移动它，因为一动就很难成活；而人就不同了，人可以发挥自己的聪明才智，遇到了问题可以灵活地处理，用这个方法不成就换一个方法，总有一个方法是对的。

例如，在工作中，人在与领导相处的时候，就要注意灵活变通。领导为什么能成为领导？其中一个重要因素就是因为他们懂得灵活变通，所以身为下属，一定要懂得弹性处理法则。所谓"灵活变通"与"弹性处理"，跟滑头性格与做事没有原则是不相同的。因时制宜，在某种特殊特定环境之内，配合需求，设计出最好的可行方案，这就是所谓的"弹性处理"。

弹性处理就要在对待问题时把握好度，比如说你走在路上，看到前面分明已经改了道，此路不通，还偏偏要照旧时那个法子把车开过去，这不是坚持原则，而是蛮干。"变则通，通则久"，是做人行事的真谛。做事固执，停步不前是不会有进步的，遇到无法突破的困境不如变通一下，寻找新的解决之道，通过这种不断的改变，才可以使人处于更高的平台，得到完善，得以通达长久。

班超是东汉知名的军事家和外交家，在漠北担任西域都尉达 30 年之久，威慑西域诸国。在他任期内，西域各国相安无事，因此汉朝西北部边疆及西域地区得以和平数十年。

班超年老时，上书朝廷要求告老还乡。皇帝念其劳苦功高，便批准了他的请求，让任尚接替他的职务。任尚赴西域上任之前，去拜访班超，向前辈讨教管理西域的经验。班超知道任尚是个急性子，做事经常一板一眼的，很少变通，于是对他说："水至清则无鱼，同样，西域各国尚未开化，对他们不能太认真，也不能太严厉、太挑剔。要有弹性，大事化小、繁事化简才行。否则就容易激起民变。"

任尚听了，虽口头上表示赞成，但内心却不以为然。"我本以为班超本事了得，对付西域各国肯定有许多高招，没想到只是些装糊涂、和稀泥的办法，真令我失望。"任尚到任后，把班超的教诲当作了耳旁风。他对西域各国普遍实行严刑峻法，一意孤行。结果没过多久，西域人便起兵闹事，该地就此失去了和平，又陷入到激烈的战争状态之中。

而在另一个故事中，因为变通取得了很好的效果。在 19 世纪中叶，美国加利福尼亚洲涌来了大量的淘金者，淘金的人越来越多，金子就越来越难淘。当地的气候十分炎热干燥，水源极缺，不少人因为缺水而被渴死。一位 17 岁的男孩亚默尔灵机一动，断然放弃了淘金的念头，改为买水。他的这一行动引起了不少人的不解与讪笑。然而，当许多的淘金者空手而归时，亚默尔已成为一个小富翁了。

学会变通，是做人做事的诀窍与智慧。那么，如何通过努力提高自己的变通能力呢？

1. 借助外力为己所用

一个人不管自恃有多大本事，个人的力量毕竟是有限的，但是却可以借用外力，使自己强大起来，这也是一种变通。

2. 要有勇气应对变化

勇气是什么？勇气是一个哨音，一声呐喊，一个命令，它的作用就是调动起自己全部的能力去迎接变化和挑战。勇气是人的一种非凡力量，它虽然不能具体地去处理某一个问题，克服某一个困难，但这种精神和心态却能唤醒你心中的潜能，帮助你应对一切变化和困难。

3. 有信心开发潜能

所谓信心，就是一种心态潜能。一个人对自己充满信心的时候，常常就是他获得成功的时候。有一位心理学家指出：”人的天性里有一种倾向：如果将自己想象成什么样子，就真的会成为什么样子。”

4. 善于改变自己的思维定式

人的思维方式，常出现两大定势：一是直线型，不会拐弯抹角；二是复制型思维，常以过去的经验作为参照，不容易接受新鲜事物。改变自己的思维定式，不拒绝变化，人才能走出困境，进入新的天地。人无论做任何事，都要掌握变通的做事法则，这样才使自己的努力事半功倍。

事物时时刻刻都是在变化的，因此人要学会变通。在日常生活中，当人周围的环境有所变化或者事情的形势有变化时，人的处世方式也应该改变，否则就会吃亏或者败阵。人只有掌握了变通的诀窍和智慧，才能应对各种变化，在变化中寻找到机会，在变化中取得成功。

越挫越勇敢，力量无限

在每个人的人生中没有坦途，不可能畅通无阻达到自己想要的成功，可能有很顺利的时候，也有很不顺的时候。很多人面对挫折，轻易就放弃了，而只有有韧性的人才会在百折不挠中走向成功。

其实每一个人在骨子里都是野心家，而有的人成功了，名扬万里，有的人失败了，默默无闻，这其中的差距就在那一点点的韧性。而身处逆境中人，确实容易使人消沉，丧失斗志，自认倒霉，结果跌倒后再也无法站起来。但只要你不放弃希望，不畏惧逆境，在逆境中抓住希望，并把它当作动力，就能够在逆境中崛起。

莎莉・拉菲尔在美国是一位无人不知、无人不晓得主持人，在她 30 年的职业生涯中，她先后被辞退 8 次，不过乐观自信的她从来没有被这些挫折打倒，每次被辞退，她都将其看作是自己向更高职位进阶的机会，从而确立自己人生的更高目标。

在莎莉最初就业的年代里，几乎美国所有的电台都认为女性不能够很好地吸引观众，所以没有一家电台愿意冒险雇佣她。不过凭借她坚忍不拔的毅力，最后在纽约的一家电台谋到了一个职位，可是没有多长时间，她就被辞退了，原因是她的思想跟不上时代的潮流。莎莉没有想到，自己刚刚开始工作就已经落伍了，但是她很庆幸，因为这家电台让她知道了下一步她应该再学些什么，想到这里，她笑了。

人生没有绝境之后的日子里，她又向国家广播电台推销她的节目构想。电台勉强答应了，但是要求她在政治电台先主持节目。“我对政治了解得不多，恐怕很难成功。”她犹豫了，可是身上那种不服输的精神渐渐占了上风。她利用自己长期在电台工作的优势和平易近人的作风，坦诚地谈起即将到来的 7 月 4 日国庆节对她自己的意义，另外她还邀请观众打电话来畅谈感受。观众对这个节目非常感兴趣，因为她们感觉自己不仅仅只是一个听众，而且是一个参与者。莎莉也因此一举成名。

如今，莎莉已经是著名的自办电视节目的主持人，并且还两度获得重要的主持人奖项。在介绍自己成功的人生经验时，莎莉说：“我先后被辞退了 8 次，本来可能被这些厄运所吓退，做不成我想做的事情。结果相反，我让它们鞭策我永远向前。”这就是莎莉，一个在失败中永不言弃的人。她敢于正视逆境，用微笑面对挫折，用乐观逆转挫折，最终收获了成功的人生。

是啊，心有韧劲则百折不挠，虽然人一生都希望能平安顺利，但现实往往并不尽如人意，处于顺境中是幸运的，陷于逆境中是不幸的，是一种厄运。但幸运的好处是应当希望的，而厄运的好处是应当惊奇叹赏的，许多奇迹都是在厄运中出现的。

克里蒙·史东是美国“联合保险公司”的董事长，美国最大的商业巨子之一。被称为“保险业怪才”。史东幼年丧父，靠母亲替人缝衣服维持生活，为补贴家用，他很小就出去贩卖报纸了。有一次他走进一家饭馆叫卖报纸，被赶了出来。他乘餐馆老板不备，又溜了进去卖报。气恼的餐馆老板一脚把他踢了出去，可是史东只是揉了揉屁股，手里拿着更多的报纸，又一次溜进餐馆。那些客人见到他这种勇气，终于劝主人不要再撵他，并纷纷买他的报纸看。史东的屁股被踢痛了，但他的口袋里却装满了钱。

勇敢地面对困难，不达目的绝不罢休——史东就是这样的孩子，后来他仍是凭借这样的精神为自己的人生获得了一次又一次的成功。史东还在上中学的时候，就开始试着去推销保险了。他来到一栋大楼前，当年贩卖报纸时的情况又出现在他眼前，他一边发抖，一边安慰自己“如果你做了，没有损失，而可能有大的收获，那就下手去做。”还有“马上就做”！他走进大楼，如果他被踢出来，他准备像当年卖报纸被踢出餐馆一样，再试着进去。

这次，他没有被踢出来。每一间办公室，他都去了。他的脑海里一直想着：“马上就做！”每一次走出一间办公室，而没有收获的话，他就担心到下一个办公室会碰到钉子。不过，他毫不迟疑地强迫自己走进下一个办公室。他找到一项秘诀，就是立刻冲进下一个办公室，就没有时间感到害怕而放弃。那天，有两个人跟他买了保险。就推销数量来说，他是失败的，但在了解他自己和推销术方面，他有了极大的收获。

第二天，他卖出了 4 份保险；第三天，他卖出了 6 份。他的事业开始了。20 岁的时候，史东自己设立了只有他一个人的保险经纪社，开业的第一天，他就在繁华的大街上销出了 54 份保险。有一天，他有个令人几乎不敢相信的纪录，122 件！以一天 8 小时计算，每 4 分钟就成交一件。

1938 年底，克里蒙·史东成了一名拥资过百万的富翁。他说成功的秘诀是由于一项叫作“肯定人生观”的东西。他还说：如果你以坚定的、乐观的态度面对艰苦，你反而能从其中找到好处。

其实，一个人只要保持坚强的意志，奋力拼搏地顽强奋进，不管身处的环境如何，都能将自己的能力充分发挥出来，实现自己的人生价值。生活也需要有一种“不撞南墙不回头”的精神，千万不能因为某一次或几次失败而放弃自己的理想。人要坚持长时间地做同一件事情，锻炼自己的毅力与心理承受能力。因此，在迈向成功的道路上，人能不能经受住失败的严峻考验非常关键，在人生的道路要一定要心有韧劲、百折不屈，不断向幸福和成功发起进攻！

自强不息，厚德载物

“自强不息，厚德载物”是清华大学校训，来源于《周易》的两句话：一句是“天行健，君子以自强不息”（乾卦）；一句是“地势坤，君子以厚德载物”（坤卦）。两句话译为：君子应该像天宇一样运行不息，即使颠沛流离，也不屈不挠；接物度量要像大地一样，没有任何东西不能承载。我国学校校训之最佳者，当此推清华大学的校训，因为它表述的是传统文化中自强不息的精神。

自强是我们民族几千年来熔铸成的民族精神，正是这种精神，使中华民族历经沧桑而不衰，备经磨难而更强，豪迈地自立于世界民族之林。

一位寓言家说得好：“理想是彼岸，现实是此岸，中间隔着湍急的河流，而实践就是架在两岸的桥梁。”人生拥有了自强的精神，人便拥有了在残酷现实中拼搏的中流砥柱人生拥有了自强的精神；人便拥有了振作精神，下定决心，排除万难的信念，做人一定要自强。

1791 年，法拉第出生在伦敦市郊一个贫困铁匠的家里。他父亲收入菲薄，常生病，子女又多，所以法拉第小时候连饭都吃不饱，有时他一个星期只能吃到一个面包，当然更谈不上去上学了。

法拉第 12 岁的时候，就上街去卖报。一边卖报，一边从报上识字。到 13 岁的时候，法拉第进了一家印刷厂当图书装订学徒工，他一边装订书，一边学习。每当工余时间，他就翻阅装订的书籍。有时甚至在送货的路上，他也边走边看。

经过几年的努力，法拉第终于摘掉了文盲的帽子。渐渐地，法拉第能够看懂的书越来越多。他开始阅读《大英百科全书》，并常常读到深夜。他特别喜欢电学和力学方面的书。法拉第没钱买书、买簿子，就利用印刷厂的废纸订成笔记本，摘录各种资料，有时还自己配上插图。

一个偶然的机会，英国皇家学会会员丹斯来到印刷厂校对他的著作，无意中发现法拉第的“手抄本”。当他知道这是一位装订学徒记的笔记时，大吃一惊，于是丹斯送给法拉第皇家学院的听讲券。法拉第以极为兴奋的心情，来到皇家学院旁听。作报告的正是当时赫赫有名的英国著名化学家戴维。法拉第瞪大眼睛，非常用心地听戴维讲课。回家后，他把听讲笔记整理成册，作为自学用的《化学课本》。

后来，法拉第把自己精心装订的《化学课本》寄给戴维教授，并附了一封信，表示：“极愿逃出商界而入于科学界，因为据我的想象，科学能使人高尚而可亲。”收到信后，戴维深为感动。他非常欣赏法拉第的才干，决定把他招为助手。法拉第非常勤奋，很快掌握了实验技术，成为戴维的得力助手。

半年以后，戴维要到欧洲大陆作一次科学研究旅行，访问欧洲各国的著名科学家，参观各国的化学实验室。戴维决定带法拉第出国。就这样，法拉第跟着戴维在欧洲旅行了一年半，会见了安培等著名科学家。他长了不少见识，还学会了法语。回国以后，法拉第开始独立进行科学研究。不久，他发现了电磁感应现象。1834 年，他发现了电解定律，震动了科学界。这一定律，被命名为“法拉第电解定律”。

法拉第依靠刻苦自学，从一个连小学都没念过的装订图书学徒工，跨入了世界第一流科学家的行列。恩格斯曾称赞法拉第是“到现在为止最大的电学家”。1867 年 8 月 25 日，法拉第坐在他的书房里看书时逝世，终年 76 岁。

由于他对电化学的巨大贡献，人们用他的姓——“法拉第”，作为电量的单位；用他的姓的缩写——“法拉”作为电容的单位。

自强不息是人的优秀品质。自强不息不仅是指遇到挫折、迎头而上、努力拼搏，还包括任何时候都要保持乐观向上、不甘落后的态度。自强不息不仅是一种精神，更是一种行动，需要的是一种脚踏实地的做事风格。“自强”容易，但“不息”就似乎没那么简单了，它需要的是一种持之以恒的精神，只有勤奋方可不息。“闻鸡起舞早耕耘，天道酬勤有志人。”只有养成勤奋的习惯，才能保持自强不息的精神。

人世沉浮如电光石火，盛衰起伏，变幻难测。如果人有天赋，自强不息则使人如虎添翼；如果没有天赋，自强不息也将使人赢得一切。命运掌握在那些勤勤恳恳工作、自强不息奋斗的人手中。推动世界前进的人并不是那些严格意义上的天才，而是那些智力平平而又自强不息、埋头苦干的人。

天赋超常而没有毅力和恒心的人只会成为转瞬即逝的火花。使许多意志坚强、持之以恒却智力平平乃至稍稍迟钝的人都会超过那些只有天赋而没有毅力的人。懒惰是一杯毒酒，它既毒害人们的肉体，也毒害人们的心灵。无论多么美好的东西，人们只有付出相应的劳动和汗水，才能懂得这美好的东西来之不易。

明末顾炎武有诗云：苍龙日暮还行雨，老树春深更著花。他认为“有一日未死之身，则有一日未闻之道”。王夫之于垂暮之年，疾病卧床，犹克服各种无法想象的困难，勤奋著书。《姜斋公行述》中说他：“迄于暮年，体羸多病，腕不胜砚，指不胜笔，犹时置楮墨于卧榻之旁，力疾而纂注。”他们所体现的，都是这种自强不息的精神。这种精神由于前人们的践履，使人后人仍时时感受到其理性与璀璨的美。

因此，要想改变自己的命运，追求自己的理想，放弃平庸的生活，只有自强不息地拼搏奋斗，才可能将梦想变为现实，才能拥有自己理想的人生。

成功并没有最终的标准

成功是什么？《现代汉语词典》对于成功这样解释："成功，即获得预期的结果。"在现实生活中，有人说有事业、有房、有车的时候就是成功；有人认为，达到大部分人所达不到的高度就是成功；更有人说，当你渴望办成一件事，经过自己的努力办得很漂亮的时候就是成功。对于一些人来说只有暂时的成功，没有永远的成功。因为人的追求是无止境的，今天的成功对于明天来说可能算不上是成功。

在某市举行的残疾人运动会比赛中，参赛者跟正常人一样竞争得很激烈。在女子 1500 米赛跑项目预赛中，有两位选手显得格外突出。最后有 4 名选手进入决赛。决赛开始，那两名实力最强的选手很快将另外两个选手抛在了后面。

最后一百米冲刺的时候，这两名选手几乎是比肩齐步，都在拼尽全力跑赢对方。就在这个时候，稍微落后的那个女孩不小心绊倒了。按照一般的情况来说，这等于宣布了谁是赢家。但这次却不同，领先的选手停了下来，并折回去扶起她的对手，为她拂去膝盖和衣服上的泥土。此时，另外两个女孩子已跑过终点线。

赢得冠军是每个参赛者的目标，试问参赛的选手有哪一个不想获取冠军的荣耀呢？又有什么样的人才会甘愿放弃唾手可得的荣耀呢？这位残疾女孩做到了这一点！她虽然放弃了折桂赛场，但她同样获得了荣耀，更获得了尊重。她成了这场比赛中真正的赢家。她已将自己的能力发挥到了极致——爱的能力；

而爱的能力使她比一般人赢得更多。

由此可见，成功的标准不是唯一的，人生中有许多时刻，表面上输了，但其实成了真正的赢家。

当人面对满天星斗，面对晴朗的或阴晦的心情，人就会明白，原来世界上还有那么多自己不明白的事。人只是这个世界中极其微小的一分子，只是生命长河里的一滴水．所以，在人每走出一步的时候，不要凭结果论成败，最重要的是在旅途中能采撷到珍贵的一朵小花。虽然这朵小花并不绚烂多姿，但也许它就代表着一种成功。

如果人只有单一的成功准则，就很可能为了达成这个准则而放弃甚至丢失一些做人的原则和趣味，变成没有亲朋好友的孤独者。而“成功”是一种向上的、不停歇的精神。它从一个瞬间过渡到另一个瞬间，从一个状态进行到另一个状态，从一种“完成”迈向另一种“完成”。在这个过程中，成功可以得到不同方式的诠释。

在现实生活中，人常会碰见这样的问题：“你成功吗？你的成功标准是什么？”有人说：“做一个成功的哲学家。”有人说：“有很多钱。”还有人说：“没想过。”更有人说：“现在还没成功，我想将来有一天假设如果万一……”人们总是不能给出一个相同的答案。可见，成功不可能被标准化。成功一旦被“标准化”，它将像一顶硕大的帽子，盖住生活小小的身体，扼杀了生活的多姿多彩。

所以，当人抛开虚华，追求丰富多彩、实实在在地生活的时候，成功就跳出“输与赢”的窠臼，而这时人也就更容易找到属于自己的成功标准。

在这里，人首先要明白，自己的成功标准绝不是别人的“成功”。因为我们知道，别人的成功永远无止境，“别人”的外延是无限宽广的。比如说，你在 18 岁之前，觉得考上北大清华的人很威风；22 岁之前，觉得托福 670 考上哈佛的是天才；步入社会时，觉得丁磊和张朝阳是不可一世的英雄……然而，英雄如是，也有一泻千里，无语凝噎的时候，也有看着后辈横空出世的时候，山外青山楼外楼，强中自有强中手，所以人要在自己这里定位成功的标准。

其次，人的成功标准不能是置自己于“死”地而后快的那种“成功”。“成功不是和别人比，而是和自己比，每天都有所进展，每天都有所突破”。人要循序渐进、日积月累，所以人不能揠苗助长；人有属于自己的土壤，所以不需千里流徙寻找“移植空间”；人有适合自己生长的季节，20 岁做 20 岁的梦，30 岁享受 30 岁的人生，所以舍得未老先衰或老而劳作……“成功”不是做只春蚕，竭尽其能量至死方休，因为在成功的道路上，人还需要享受人世间温暖的情感。

人的成功标准也不是看定时空里的一个标靶，然后瞄准、射击。生命的旅途上，人在变化，标靶自然也要随之变化。曾经崇拜景仰的，有一天可能忽然会觉得，也不过如此。曾经熟视无睹的，有一天可能会发现这是上天赐予自己的最美妙的礼物。

当然，成功并不表示人从此就能够高坐在一个静止的点上夸夸其谈。我们所说的“成功”，是一种向上的精神气质，它是由一个又一个微不足道的细节串联而成，是一种绵延的状态而不是能量化的一个点。它又像一场马拉松循环赛，今天别人胜过我，明天我胜过别人；别人这个方面胜过我，我又在那个方面胜过别人，你追我赶、此消彼长，彼此制约与平衡。

在光阴的竞技场上，竞赛者难分高下，但只要奔跑、跳跃着，便是“成功”。“成功”只是生活本身，不是任何羡慕的眼光、啧啧的赞美，更不是豪宅名车、金银珠宝堆砌而成的附属品；“成功”，不是高高在上、不染纤尘的天堂，而是“成功”是许诺人以安详的心不在纷纷扰扰中困惑；但又要求人在为物欲奔波的世界里有所作为以维护这份安宁。

“成功的标准”是将来有一天，不再有人指着某个标杆对青年人说：“这就是成功，你一定要成功，才算成功。”人不想被“标准”化，更不想为了“标准”而成功。人生处处是考场，但满分的标准不止一个，人有许多个角度给自己评分。人要想活出自己的人生价值，就要首先让自己活得坦然，活得问心无愧。等人做到能够很平淡地放弃心中对功利的渴求，放弃虚华的诱惑，人就已经获得了成功。

让苦难托起你的成功

人是从苦难中成长起来的，所以在一生中处处有苦难。面对苦难，人唯有把苦难当作垫脚石，乐观奋斗，才能得到人生中最珍贵的财富。

有一个女孩，很小的时候就有一个梦想，做一名出色的滑雪运动员。然而，不幸的是她竟患上了骨癌，为了保住生命，她被迫锯掉了右脚。后来，癌症蔓延，她又先后失去了乳房及子宫。

接二连三的厄运不断地降临到她的头上，却从来没有使她放弃心中的梦想，她一直都告诫自己："我要对自己的生命负责，决不轻言放弃，我要向逆境挑战。"

她没有被病魔打倒，相反，她以顽强的斗志和坚忍的毅力，排除万难，成为滑雪运动员，还为国家创下多项世界纪录，其中包括 1988 年冬奥会的冠军，并在美国滑雪锦标赛中先后赢得 29 枚金牌。后来，她还成为攀登险峰的高手。她就是美国运动史上极具传奇色彩的著名滑雪运动员——戴安娜·高登。

在人生路上，有顺境，但更多的是逆境。对某些人来说，逆境是学校，厄运是老师。逆境能激发一个人的斗志，把蕴藏的潜力尽情地释放，使逆境演变成一个人奋发进取的舞台。古语说得好，"自古英雄多磨难，从来纨绔少伟男"，"忧劳可以兴邦，逸豫足以亡身"。

但厄运并非总是财富，就像并非每一个身处逆境的人都能像戴安娜·高登那样把苦难作为通向成功的垫脚石。正如巴尔扎克所说："世界上的事情永远没有绝对的，结果完全因人而异。”苦难对于强者是一块垫脚石、一笔财富，对弱者则是一块绊脚石。的确，人无法改变昨天的事实，但今天的人生态度决定人明天的人生轨迹。苦难激发人的潜能，把苦难当作一块成功的垫脚石，在黑暗的尽头，人将看见光明。

小辉是河南省周口市东下镇洪庄村人，12 岁那年他小学毕业时，家庭生活发生了改变，患有间歇性精神病的父亲从外面带回了一个弃婴。家里太穷，负担不起哺育女婴的花费，母亲让小辉把女婴送人。小辉不忍心，就把女婴留下了，还给她起了个小名——“小不点”。

由于父亲患病，家庭的重担全部压在目不识丁的母亲身上，她还经常遭受父亲无缘无故的毒打。1995 年秋天的一天，母亲忍受不了家庭的重担、丈夫的拳头，选择了逃离。妈妈走了，父亲是病人，刚刚满 1 岁的“小不点”怎样才能带大。久坐之后，小辉告诉自己：既然一切已无法改变，那就承担吧。

那时候家里太穷，为了买奶粉养妹妹，小辉从小学时就做起了小贩，在附近的集市上，冬天卖鸡蛋，夏天卖冰棍。实在没钱的时候，有时就带着妹妹到有小孩的人家借口奶吃。他还想着给“小不点”补充营养，最多的时候，是上树掏鸟蛋给妹妹做鸟蛋汤，为此，他不止一次从树上摔下来。

从高中起，他就带着妹妹上学，他利用假期里打工所挣的钱交了学费，还在校园里利用课余时间卖起了学习书籍。就在进入高二时，父亲的病情恶化了，必须住院治疗。于是，小辉只得休学挣钱为父亲治病。

怀着不屈的信念，经过不懈的拼搏，2003 年 7 月，小辉考取了湖南怀化学院。课余时间里，小辉在校园里卖过电话卡，为怀某电视台节目栏目组拉过广告，还给一家电子经销商做销售代理。目的就是想挣钱带着失学在家的妹妹一起来上学。

他携妹求学 12 载的故事，经全国多家媒体报道后，已成为社会关注的焦点，不断有人表示愿意捐款，以帮助他抚养妹妹。令人意想不到的是，后来，小辉在某媒体上发表公开信，在这封信里，小辉在向关心他与妹妹的人表示感谢的同时，明确提出他可以养活自己和妹妹，不需要任何社会捐款。“因为我觉得一个人自立、自强才是最重要的。苦难和痛苦的经历并不是我接受一切捐助的资本。我现在已经具备生存和发展的能力！这个社会上还有很多处于艰难中而又无力挣扎的人们！他们才是需要帮助的！”

面对再大的苦难，小辉自始至终不放弃追求，不屈服于现实，虽然饱受着肉体上的折磨，但很大程度上保持了心灵的平静，这正是一个自尊、自重、自强、自爱的人面对苦难的人生态度。

苦难中能够保持镇静，是常人很难达到的一种人生境界。直面苦难，不怨天尤人，不牢骚满腹，将苦难看作生命中的一种磨砺，无疑需要很大的勇气。一旦人超越了苦难，战胜了苦难，人所获取的必定是面对生活重新微笑的机会。

人的一生难免会遭受很多苦难。无论是与生俱来的残缺，还是惨遭生活的不幸，但只要人敢于面对生活的苦难，自强不息，就一定会赢得掌声，赢得成功，赢得幸福，苦难也就成了人生发展的垫脚石，它可以垫起人生的高度。

温室的花朵经不起风吹雨打，而饱受寒风摧残的苍松却可以屹立在严冬里。最宝贵的财富往往在苦难过后才能得到，正如孟子所言：“天将降大任于斯人也，必先苦其心志，劳其筋骨，饿其体肤。”永远生活在安逸环境里的人，从未经历过苦难，很难铸就坚强的精神，也很难在竞争的社会现实中脱颖而出。

罗曼·罗兰曾经说过：“痛苦像一把犁，它一面犁碎了你的心，一面掘开了生命的起点。”人要想告别平庸，成为一个有所作为的人，就要有永不绝望的信念。人总在挫折中学习，在苦难中成长，让我们记住这句话：雄鹰的展翅高飞，是离不开最初的跌跌撞撞的。

苦难并不是人生道路上的绊脚石，相反，它却是一份宝贵的财富，在漫长的人生旅途中，遭遇苦难并不可怕，受到挫折也无需忧伤，只要心中的信念没有萎缩，人的人生就不会中断。

第5章

要想活得精彩，就要活得真实

有了耕耘，才有丰硕的果实

“一分耕耘，就会有一分收获”是一句普通而又平凡的话，却是无数智者在走过无数坎坷和道路后所悟出的一句饱含着智慧结晶的创造幸福和财富的道理。上天对每个人都是公平的，而人与人之间的区别就在于人真正地努力了多少。

在美国某个都市，一位女士搭了一辆出租车要到某个目的地。这位乘客上了车，发现这辆车不但外观光鲜亮丽，司机先生的服装也很整齐，而车内的布置也十分典雅。这位乘客相信这一定是一段很舒畅的行程。车子一启动，司机很热心地问她车内的温度是否合适，又问她要不要听音乐或是收音机。这位司机告知她还可以自行选择喜欢的音乐频道。在车内，这位乘客选择了爵士乐，浪漫的爵士风使她在工作中的疲劳也顿时减少了许多。

司机在一个红绿灯前停了下来，回过头来告知这位职场女士，车上有早报及当期的杂志，前面是一个小冰箱，冰箱中的果汁及可乐如果有需要，也可以自行取用，如果想喝热咖啡，保温瓶内还有热的咖啡。这些特别的服务，让这位女士大吃一惊，不禁望了一下这位司机，司机先生愉悦的表情就像车窗外和煦的阳光。目的地到了，司机下了车，绕到后面帮乘客开车门，并递上名片，说声，盼望下次有机会再为你服务。

不必说，出租车司机的生意是不错的。他很少会空车在都市里兜转，他载过的乘客总是会事先预订好他的车，乘客从早到晚络绎不绝，这使其他同行都投来了羡慕的目光。一位平凡的出租车司机，能把一份再平凡、再普通不过的工作做到这一步，实在是不简单。一分耕耘，一分收获。这种好收益，是他付出努力后得到的。

在人的心里，每个人都有着一架天平。只有付出了心血和汗水，才能得到想要的东西。也就是说，有了付出，才会有成果。著名作家冰心在她的一篇散文《腊八粥》中，曾描述了这样一个故事：

一对夫妻勤勤恳恳，一天到晚地工作着，过了几年这两口子便富了，但是他们对其子从小却溺爱有加——衣来伸手，饭来张口。老两口对儿子的爱，使他们的儿子养成了懒惰贪吃的坏习惯。不料，老两口为儿子娶的媳妇也是一个好吃懒做的人。后来，老两口去世了，一对年轻人没有了父母的管束，便整天吃喝玩乐。饿了吃父母留下的粮食，冷了穿父母留下的衣服，过着神仙一样的生活。

这样的日子过了许久。有一年腊八，他俩只剩下了一碗米粥。最后，他们被饿死、冻死了。《腊八粥》中为人描述的懒夫妇的下场，是一个不劳而获者的下场。他们心中的那把天平已经失去了平衡，最后东倒西歪。不耕耘，便想得到收获的成果，这在现实生活中是永远都不可能实现的事情。老夫妻与年轻夫妻的故事形成了鲜明的对比，给人的启迪是深刻的。

一分耕耘，就会有一分收获。在春天种下一粒种子，到了秋天，就可以收获到果实。不要小看这简简单单的道理，每个人在某些经历中克服困难，刻苦努力，为的就是这来之不易的收获。在人的一生中，人好比农夫，播种好比过程，收获就像”果实”。当回首那些”耕耘播种”的经历，人生最大的幸福其实就是人在一次次收获的快乐中不断地超越自己。

一个人只想坐享其成，结局将是悲惨的。如果你想得到什么，就应该去努力，去付出。用心耕耘，你才会得到自己想要的东西。付出，其实很容易。对于人身边所有的人来说，一个善念、一句好话、一个善意的回应，甚至是一个微笑，都能够给他人的内心带去一缕阳光，一份感动。每一个小小的付出，从小的方面来说可以拉近人的亲情、友情，从大的方面讲还可以提高企业和公司的业绩，促进社会的和谐与繁荣，甚至可以消除种种人为的灾难。

付出就是要将心比心，多替他人着想，付出就是要从最小的善事做起。在忙忙碌碌的城市生活中，由于紧张的生活节奏，常常是住在同一个楼道里的邻居们却不知对方姓甚名谁，彼此也显得极为冷漠。但是，下面这个人的讲述却让人发现了不一样的情景：

“我住在一个小区的三号楼里，这一层的邻居都非常友好，有时候，大家经常会聚到一起吃饭，饭桌上浓浓的气氛让每一个人都感到了邻里之间的深厚情谊。大家在席间频频举杯，或说上几句祝词，或唱上一首歌曲，表达着各自不同的情意。我儿子是个特难侍候的小淘气，从二楼到五楼，没有哪家的门他没进去过。我出差不在家的时候，三楼、五楼的邻居们就会把我儿子带回他们家吃饭。四楼的刘姐在一座家具城工作，听说我要买沙发垫，由于周六休息，她不在岗，但依然嘱咐营业厅的售货员，给了我很大的优惠。

“想想我自己，其实并没有为邻居们付出过什么，却能够得到他们那么多的帮助，心中常常怀着深深的感激。

“所以，只要我打扫房间的时候，我就会顺便把自家和邻居家的楼道打扫得干干净净，而我的这些微乎其微的小举动，邻居们却看在眼里，记在心里，常常在大家面前夸我。”

俗话说：“远亲不如近邻。”在这个叙述者的描述中，人可以感受到，生活中的点滴付出都能够换来人与人之间的互相体贴和关爱。所以，不要忽略了这些生活的简单付出，许多时候，正是这些小小的付出，让人感受到更多的世间真情。

许多时候，人怎么对待一个人，往往可能影响那个人的一生。有时付出一份真诚的尊重或爱心，常常会产生意想不到的善果。人可能很难做一个光芒四射的太阳，但人可以做一缕照亮和温暖他的阳光，让他人从你的小小付出中得到鼓励，从而改变自己的人生轨迹。

人应该用自己的一颗真心去对待这个世界里的每一个人，发自内心地尊重每一个人和爱护每一个人，努力付出自己真诚的善意，这样就会领略到付出的甜美果实。

还有一个关于付出的故事，值得人思考。

穷苦的农夫弗莱明，在一次偶然的机会救了一个快要死亡的小孩。小孩的父亲是一个非常有钱的绅士，他想报答农夫，可善良的农夫却不愿接受。

后来，绅士得知农夫有一个儿子，可由于贫穷，农夫的儿子却没有机会接受到良好的教育。于是，绅士便与农夫定下了一个协议：绅士将带走农夫的儿子，让他接受最好的教育。绅士相信如果这个孩子能够像他的父亲那样处事为人，将来一定会成为有用的人。

数年过去了，农夫的儿子果然成了举世闻名的大爵士。他便是著名西药盘尼西林的发明者，他因此得到了诺贝尔奖，而当绅士的儿子染上肺炎时，盘尼西林再次救了他。

一个农夫，没有令人骄傲的身份和地位，只是一个无名小卒。而他却有着一颗无比宝贵的善心。在一次偶然的情况下救了一个小孩的性命，对他来说只是生活中的一件小事而已，而事情的发展却让人看到了这一点点付出的巨大的变化。反观一下故事的起源，不得不让人感叹农夫的付出何其有价值。

佛家有言："修善如春日之草，未见其长而有所增；行恶如磨刀之石，未见其灭而有所损。"一个简单的、美好的善举就像春天的小草一样，虽然看上去是那么微小，但生命力却十分顽强，在人还没来得及停下匆忙的脚步时，它们已经把春天点缀得美轮美奂了。

所以，不要把对他人的付出看成是一件困难的事情，当你付出一颗星星的时候，很有可能就会拥有一个月亮。抱着这样一颗善于为别人付出、奉献的心，在努力奋斗的过程中，一定会获益颇丰。

付出其实是一件很容易的事情，每天为自己多做一点点，为别人多做一点点，这就是付出。只要你去做了，就会有收获。

俗话说："世上没有白吃的午餐。""天上不会掉馅饼。"这世上没有不劳而获的好事。一个人想要收获，就必须先要去付出，这是一个永远都不会变得硬道理。生活中，农民在收获谷物前，他们已付出了耕耘、锄草、施肥和灌溉；一棵树在结出果实前，它已付出了绿叶和花朵；蛹在成为美丽的蝴蝶前，它已付出了孕育和蜕变；河流在谈到大海前，它已付出了跋涉和汇聚……

来看看下面这个故事：

一个年轻人向父亲征求意见："我想在咱们这条街上赚钱，得先准备什么呢？"

父亲想了想说："你如果不想多赚钱，现在就可凭两间门面，摆上货柜、进些货物开张营业；如果你想多赚钱，就先得准备为这条街上的街坊邻居们做些什么。"

年轻人问："我先做些什么呢？"父亲想了想，说："要做的事很多，比如，街上的树叶很少有人扫，你每天清晨可以扫一扫；还有，邮递员每天送信，有许多信件很难找到收信人，你也可以帮忙找一找；另外，不少家庭需要得到一些举手之劳的帮助，你可以随便帮一帮……"

年轻人不解地问："这些跟我开店有什么关系呢？"父亲笑了说："你想把生意做好，这一切会对你有帮助。"尽管年轻人半信半疑，但他还是像父亲说的那样去一一做了。

不久，这条街上的人都知道了这个年轻人。

半年后，年轻人的商店挂牌营业了，令他惊奇的是，来的顾客非常多，差不多一条街的街坊邻居全都成了他的客户，甚至街坊那边的一些老人，拄着拐杖特意到他的商店买东西。在他们看来年轻人是个好人，来这里买东西，让人放心。后来，年轻人从一个不名一文的人，成了著名连锁店的老板。这是他的努力付出换来的成功。

付出必定有收获，而收获的多少也在于自己。不要去找客观原因，不要去推卸责任，要勇敢地面对现实。要记住：只有付出，才会有收获。想要有所收获，先要学会付出。当人在为目标努力的过程中，能将付出作为一种常态，得到也会在不经意间来到人的身边。懂得这一原则后，人就会在生活和工作中左右逢源，幸福和成功的指数也会不断攀升。

选择自己喜欢和擅长的工作

工作对于人来说不仅是一种谋生的手段，也是积聚力量、施展才华的舞台，更是实现一个人自我价值的主要途径。通过工作，人拥有了技能、经验、财富等，并过上了幸福的生活。所以在你选择工作时，要选择自己喜欢擅长的。

当别人问李素丽："难道真的不觉得工作很烦很累吗？"李素丽说："做什么都会累，关键是你要把工作当乐趣，那么工作就会越做越好。如果你找到工作的乐趣，那么，再苦再累也是心甘情愿的。"人是否平庸的关键不在于工作内在的性质，而在于从事这些工作的动机、热情和兴趣。如果你是用从内心深处涌出的激情从事工作，就一定能做出出色的工作，否则只能导致平庸。

事业成功的人都是从心底里热爱自己工作的人，因为只有热爱，对工作才能有激情、有兴趣，才可能把它做好。相反，平庸的人往往面带一种愠怒厌世的情绪，他们不喜欢自己的工作和生活的环境，也不会做好自己的工作。爱迪生曾说："在我的一生中，从未感觉在工作，一切都是对我的安慰……"

有一位女职员虽然能胜任并完成每天的工作，但是她无论走到哪里，都牢骚满腹。她贬损老板，埋怨同事，认为工作就是浪费时间。在两年内她已经失去五次工作，却仍未从任何人那儿获得有益的经验。

聪明的人不会和别人这样谈论自己的老板和公司：“我每天都要应付那些我不愿做的事，为什么一定要给那个讨厌的工头干活。老板一点也不了解我、信任我。”试想，你如果对一份工作没有兴趣，对上司不喜欢，甚至是讨厌，又怎么会做好呢？更不必说事业成功了。因为当工作对自己是一种煎熬时，人每时每刻就是在盼着马上解脱，所以就不可能将激情投入到工作之中了。

歌德说：“如果工作是一种乐趣，人生就是天堂。”如果人对工作、对事业高度热爱，就不仅能喜爱自己有兴趣的事，而且能喜爱自己不得不做的事，等于一辈子都生活在幸福的天堂中。

一家报纸曾举办一次有奖征答活动，题目是：“在这个世界上谁最快乐？”获奖的答案是：正从事着自己喜爱的工作的人是最快乐的。追求快乐与事业成功非但不矛盾，而且是和谐统一的。对工作有乐趣，就可以得到快乐，事业成功了，可以得到更大的快乐。正如埃及著名作家艾尼斯·曼苏尔所说：“事业成功本身，便是一种最大的快乐，最大的幸福，最大的力量。”因此可以说，人追求事业成功，其实就是追求最大的快乐，而这个快乐的创造者首先是人自己。

一位著名的金融家也有一句名言：“一个银行要想赢得巨大的成功，唯一的可能就是，它雇了一个做梦都想把银行经营好的人做总裁。”本来是枯燥无味、毫无乐趣的职业，一旦投入了热情，立刻就会呈现出新的意义。一个充满热忱的年轻人，他的感觉也会因之变得敏锐，可以在别人看不到的地方发现动人的美丽，这样，即使再乏味的工作、再艰难的挑战，都可以承受下来。如果能把工作趣味化、艺术化、兴趣化，就可以把工作轻松愉快地做好，而不会觉得辛苦。

学会从工作中获得乐趣，即在苦中也能寻乐，那将是快乐人生的又一秘诀。心中充满快乐时，自然感到身边的工作也有趣。这里介绍几种可以从工作中获得乐趣的方法。

1. 把工作看成创造性的活动

一位教师上好一节课，并不逊于导演编排一出精彩的戏剧；一个运动员在比赛中完成一次完美的动作，可以与十四行诗那样的作品相媲美，并且可以获得同样的精神感受。

2. 把工作看成是自我满足

为了自我满足而从事的运动是一种乐趣，而从不考虑是否劳累，比如：一位产科大夫似乎心情不错，因为他刚刚接生了第 100 名婴儿；一名足球运动员也因他刚刚踢进第 10 个球而欣喜若狂。

3. 把工作看成是艺术创作

有一次，一位教授指着一位正在附近挖排水沟的工人赞赏地说："那是一位真正的艺人。看看那些污泥竟能以铁锹上的形状飞过空中，恰好落到他想让它落的地方。"

现实中的各项工作都可以成为一种具有高度创造性的创作，假如每个人都能把自己的工作当成艺术创作，那么简单的生活将会变得丰富多彩。

4. 把工作变为娱乐活动

把工作看作娱乐，就能把工作看作消遣。娱乐是乐趣，而工作是"必做"的。假如自己是职业足球员，如果把注意力放在娱乐上，就可以和业余足球员一样，更加投入地参加比赛。

如果人不能选择自己更喜欢的工作，就要尽力喜欢眼前的工作，从内心喜欢自己的工作，因为无所事事是难以快乐的，而工作着是幸福的。詹姆斯·巴里说过："幸福的秘密不在于你喜欢做的事情，而在于喜欢你做的事情。"工作是人生的根本，也是幸福的基础。

卡耐基指出，正确的思想，会使任何工作都不再那么讨厌。每种工作都有它的艰辛和幸福，只是个人对工作的态度有所不同罢了。

如果人以积极上进的态度去面对工作，人将会感觉到工作着就是幸福的，工作着就是快乐的。

人们的一生有三分之一的时间花在工作。既然要工作上，就要选择自己喜欢和擅长的，这样人们才能从中找到快乐并发挥自己最大的价值。

毕竟人们工作，不仅仅是为了维持基本生活，也为了使生活有重心，对社会有贡献，使生命有价值。

人生的诀窍就在于利用自己的长处

诗仙李白在《将进酒》中写道："天生我材必有用。"这句话的意思是说每个人都有自己的长处。在人的坐标系里，一个人如果站错了位置，用自己的短处而不是长处来谋生的话，将是非常可怕的，更是非常可悲的，经营好自己的长处才能通向成功。对自己一技之长保持兴趣，是相当重要的。这也可能是自己改变命运的一大财富。

生活如一个剧本，重要的不是长度而是精彩度。尺有所短，寸有所长，而人生的诀窍就在于利用自己的长处。要知道，凡成功者，都是充分发挥自己的优势才能成功的。一个人做自己喜欢做的事情或自己擅长的事情，会进步得很快，而且还会取得骄人的成绩；相反，如果做自己不喜欢也不擅长的事情，不但费力气，而且也不容易出成绩。

某单位外贸部有两位年轻人，一位是日语翻译，一位是英语翻译。在单位领导的眼里，两个人都是未来外贸部经理的候选人。为此，在工作上他们常常暗暗较劲儿，你追我赶。

该单位原先有日商投资，因此单位管理层经常需要和日本人打交道，理所当然的那位学日语的年轻人就有了经常在公开场合露面的机会。一时间，他在单位里的口碑超过了那位英语翻译。

英语翻译坐不住了。为了比对手做得更好，于是，他决定凭着大学时选修过日语的基础，暗暗学起了日语，准备超越对手。两年过去了，英语翻译拥有了一张日语等级证书。他开始尝试着与日商进行对话，帮助做一些有关日文的翻译任务。一时间同事们对他掌握了两门语言都十分佩服。

但是，就在他自我感觉良好的时候，他在用英语翻译澳大利亚商人的贸易合同时，关键词汇失误，给公司造成了10万美元的损失，这使公司董事长为此事大为震怒。后来，那位日语翻译成了外贸部经理。

看到这样的结局，反省再三，英语翻译醒悟了过来，这几年自己忙着去学日语，却疏忽了本职专业。可是，他心里更清楚，即使自己再怎么努力学习日语，也没有对手学得好，因为自己学得很吃力，而且只掌握了一些皮毛而已。这一次，让他更加清醒地明白了自己的真正特长是什么，而以后更不会去拿自己的短处跟人比高低了。

古人云："人贵有自知之明。"这里的"明"不仅表现在如实看待自己的短处，更表现在如实分析自己的长处。每个人都有自己的弱点，也有自己的优点，不能因为自己某方面的能力缺陷而怀疑自己的全部能力。人不但要看到自己不如人的地方，还要看到自己的长处和过人之处，这样做才能在自己的事业里做到最好，把自己的价值呈现到最大化，使自己的努力更有意义。

托尔斯泰在他的自传中曾这样写道："每当我照镜子的时候，一股自我嫌恶感便涌上来，深深地困扰着我，为此我十分难过。我的长相是这么粗糙，一点也没有优雅的气质，尤其这灰而小的眼睛……"看到这段文字，你也许会有些奇怪，这么伟大的人居然对自己这么自卑，但是他战胜了自己的不足，发扬了自己的长处，最终走向了成功的巅峰。

一位哲人说得好："发挥自己的长处，才是努力的正确方向。"在日常生活和工作中，人不要拿自己的缺点与别人的优点相比，而应尽量发现自己的长处，将它化为信心和力量。

那么到底该如何发现和发挥自己的长处呢？事实上，大多数人都知道自己的弱点是什么，而不是太了解自己的长处所在。如果你说你唱歌很好听，舞跳得很好看，这就是你的长处，那么理解自己的长处就有些片面了，这只能叫作你的特长。你要知道，在你生存的集体中还有很多人都会唱歌跳舞，也许比你唱得跳得还要好看。我们这里所说的长处是你自己特有的，别人所无法效仿的，时髦的说法叫作“核心竞争力。”这就需要认真地去研究一下了。

发现自己长处的一个有效的方法是利用回馈分析法。这个方法是：每当你做出重大决策或采取重要行动时，事先写下你所预期的结果，9~12 个月后，再以实际成果与当初的预期相互比较。

这个简单的方法可以在大约 2~3 年的时间内，显示出人的长处何在，这是认识自己最重要的一点。它也能显示出由于人所做或未做的哪些事情，使人的长处无法充分发挥。它还会显示出哪些地方人并不特别高明，或哪些地方人根本毫无希望。

运用回馈分析法分析出自己的长处后，接下来该怎么做呢？

1. 专注于你的长处

做你所擅长的工作，让长处得以发挥。这是成功的关键所在。

2. 加强你的长处

知道你在哪一方面需要改进技巧，或需要吸收新知，你可以借此了解应该加强哪一方面的知识或哪一方面的技能，以免被时代淘汰。

3. 设法克服自己的无知面

找出任何由于知识上的傲慢而造成的严重无知，然后设法克服。

学会了这些，你就可以发现自己到底在哪一方面比较优秀，哪一方面属于自己的”核心竞争力”，然后再努力把它发扬光大。这样才会使你相对于其他人来说，发展得更快。

给自己选择个正确的位置

俗话说，是金子在哪里都闪光。果真如此吗？非也。是骏马，就要到草原上驰骋；是雄鹰，就要去搏击长空。只有物尽其才，人尽其用，才能真正发挥其应有的作用，实现自身的价值。在生活中，每个人都要尽可能找准自己的位置。很多人抱怨自己怀才不遇，其实是你被放错了地方。所以你要学会选择。

还记得那个女强人赖斯吗？一个非常普通的人，凭借自己的努力成了华盛顿“最有权力的女人”。从一个在种族歧视下长大的黑人到美国国务卿，没有人否认她的努力，可是人更应该看到她为自己的人生所做的定位。她小时候想成为钢琴家，她钢琴确实也弹得不错。16 岁那年她进入丹佛大学音乐学院学习钢琴，梦想成为职业钢琴家。但是，在著名的阿斯本音乐节上，她备受打击，“我看到一些 11 岁的孩子，他们只需看一眼就能演奏那些我得练一年才能弹好的曲子，”她说，“我想我没可能有在卡内基大厅内演奏的那一天了。”于是她重新规划自己的未来，重新为自己定位，她选择投身于国际政治中，最终取得了成功。

美国国务卿与钢琴家相比，看来没有绝对的可比性。但对于赖斯来说，成为美国国务卿和钢琴家，哪个更有可能性些，就很容易判断了，哪个更适合她成功的路，哪个就是她赖斯的位置。

“越位”在足球场上是违规行为，球员一旦越位，即使进球也会被判为无效。

球场上越位的原因大多是球员急于破门，而忘记、忽略了自己的位置，其中要么是技术应用不好，要么是想侥幸逃过裁判的眼睛，要么是有裁判的“特殊关照”而故意越位。在足球场上，可以说，不懂球场规则的球员是不可能上场的；不遵守秩序和规则的球员，不善于找准自己位置而屡屡越位的球员，不是个好球员。找准自己的位置，才能继而做好在这个位置上自己应该做的事情，才能有所为有所不为，才能真正地行使好自己的职能。成功就是实现自己的目标。准确的个人定位可以确保这个目标是切实可行的目标，而不是海市蜃楼。“认识你自己”从来都是最难的，只有坚持认清自己，找到一个最适合自己发展的位置，像螺丝一样钻下去，才能取得最后的成功。

世界上的路有千条万条，但最难找到的就是适合自己走的那一条。

每个人都应该努力根据自己的特长来规划自己，量力而行。根据自己的环境、条件、才能、素质、兴趣等确定发展方向。不要埋怨环境与条件对自己不利，努力寻找，总会找到适合你某方面发展的有利条件；不能坐等机会，要自己去创造条件；拿出成果，获得社会的认可，事情才会好办一些。从事科学研究的人不仅要善于观察世界，善于观察事物，也要善于观察自己、了解自己。每个人都应该尽力找到自己的最佳位置，找准属于自己的人生跑道。很多成就卓著人士的成功，都得益于他们充分了解自己的长处，根据自己的特长来进行定位或重新定位。如果不充分了解自己的长处，只凭一时的兴趣和想法，那么定位就会很不准确，具有很大的盲目性。

歌德一度没有充分了解自己的长处，树立了当画家的错误志向，害得他浪费了二十多年的光阴，为此他非常后悔。美国女影星霍利・亨特曾竭力避免被定位为短小精悍的女人，结果走了一段弯路。幸亏经纪人后来的引导，她重新根据自己身材娇小、个性独特、演技富有弹性的特点进行了再定位，出演《钢琴课》等影片，一举夺得戛纳电影节的“金棕榈”奖和奥斯卡大奖。

古今中外，还很多名人都是经过重新给自己定位而取得令人瞩目的成就的：阿西莫夫是一个科普作家，同时也是一个自然科学家。一天上午，他坐在打字机前打字时，突然意识到："我不能成为一个第一流的科学家，却可以成为一个第一流的科普作家。"于是，他几乎把全部精力放在科普创作上，终于成了当代最著名的科普作家。伦琴原来学的是工程科学，他在老师孔特的影响下，做了一些物理实验，逐渐体会到那是他最适合干的行业，提他专心钻研物理，果然大有成就。

在生活中，谁都想充分发挥自己的能量。但是由于各种原因，并不是你想干什么就能干什么的。目前，有许多人是在自己不喜欢甚至是厌恶的岗位上，做自己并不情愿做的工作，于是人心不稳，终日惶惶。在这种情况下，人还是不要着急的好，所谓的生活其实就跟写文章一样，当你觉得笔下的那一句不是自己最满意的言语，甚至是一个败笔的时候，你就应该暂时停笔思考一下，等到灵感来临时，不妨另起一行重新书写，直至满意为止。

人生就像一张地图，总是在走得很直很顺的地方出现岔道。路途中的人时刻面对选择，如何到达自己希望中的终点呢？人可以在每一个转弯的地方做好标记，一旦错了方向便立即扭转过来，没有时间沮丧，没有时间捶胸顿足，更不能在该做选择的时候没有主见、犹豫不决。人生之路虽不能回头，却可以改变方向，也许是绕了一个大弯但总归是走上了那条属于自己的路。

当你找准了属于自己的位置，就不再面对生活摇摆不定，它将引领你走向成功。在每个人的成长中会有很多困苦，那些不过是增长人的经验和多一点对生活的体会而已。所以，人不要等到韶华已逝再感叹还没有找到自己的位置，不要等到青春不再时再来正确看待成长的痛苦。在生活中，人不能总摆着一幅愁苦的样子，要坚定自己的立场和信心，放弃决断之前的摇摆不定和慌不择路，静下心来思考出路，为自己选择一个正确的位置。

与其自责，不如自我反省

人在一生中，面对真真假假、迷离纷乱的人生，很难不犯错误。人犯了错误，关键是犯了错误之后的态度，是一味地自责还是从错误中重新审视自己，重新认识自己，给自己好的定位，防止类似的错误以后再犯。

当你犯了错误时，除了找出导致错误的原因外，还可以从错误中学到很多东西，这些东西是包罗万象的附加品。或许是人生观的改变、人际关系的改善，或许是对人性本质、自我优缺点及现实与理想的差距的认识等，这些都是由这个错误而得出的正面价值，值得人好好总结。

有了错误也不完全是坏事，因为错误中充满宝藏，问题是看你如何去挖掘、诠释及应用，每个人的诠释手法不同，这些宝藏的价值也跟着不同。错误中的教训，是垃圾还是宝藏，一切由你决定。历史上许多伟大的发现和发明，像哥伦布和爱迪生的成就，也都是在“错误经验”中诞生的。所以，你不能因为犯了一次错、摔了一次跤，就深深自责，否定自己。

自省是一种能力，自省能力差的人自我价值感很低、不知道自己的人生目标、不太留意自己日常的感觉、时常担心亲近的人会不喜欢自己、不喜欢一个人生活、有时会有虚无感、觉得没有真正活着、经常为一些小事不安。

孔子说：“过而不改，是谓过矣。”这句话的意思是改不了的错误才是真正的错误，能够改正并且努力去改正的错误应当说是“好错误”。

春秋时期，鲁国公曾问颜回："我听你的老师孔子说，同一类错误，你绝不犯第二回。这是真的吗？"颜回说："这是我一生都要努力做到的。"鲁国公又问："这是很难做到的事情啊！你是怎么做到的呢？"颜回说："要想做到这一点并不难。我时常反省自己，看看自己哪些是做对的，哪些是做错的；做对了的就坚持下去，做错了的就引以为戒。这样坚持久了，就能做到无二过了。"鲁国公听后赞叹说："经常反省，从无二过，这可以说是圣人了。"

从来不犯错误的人是没有的，过去犯过的错误，不犯第二次的人也是不多见的。暂且不论颜回是不是重复犯过相同的错误，就是这种经常自我反省的精神也是十分可贵的。

反省是一面镜子，能将人的错误清楚地照出来，使人有改正的机会。作为一个堂堂正正的人，应该具备知错反省的勇气，坦然地反省今日的是与非。

宋朝文学家苏轼写过一篇《河豚鱼说》，讲的是河里的一条豚鱼，游到一座桥下，撞在桥柱上。它不责怪自己没注意，也不打算绕过桥柱游过去，反而生起气来，恼怒桥柱撞了它。它气得张开两鳃，鼓起肚子，漂浮在水面，很长时间一动都不动。后来，一只老鹰发现了它，一把把它抓起来。转眼间，这条河豚就成了老鹰的美餐。

这条河豚，自己不小心撞上了桥柱子，却不知道反省自己，不去改正自己的错误，反而迁怒于别人，一错再错，结果自寻死路，丢了自己的性命。

自我反省是一种对自我的体察、觉悟与反思。自我反省要真诚地深入到灵魂深处，客观看待自己的做法，要敢于坦诚面对自己的缺点，不回避问题，不掩饰缺点，不自欺欺人。自我反省应该自觉地内化成个人的一种修养，只有不断地反省自己，才能自强；只有不断地反省自己，才有可能改正不足，不断进步，避免以后犯同样的错误。

一个人能不断地省查自己，日积月累，必有大成。你若勤奋，并在勤奋中自省，就更容易在自省中升华，在升华后更加勤奋修炼，圣贤也就离你不远了。

错误往往不在错误本身，不要被错误麻痹，不要被自责困住，要头脑清醒地分析错误，及时地反省自己。

但是，事情往往没有人想象中那么完美。不应该发生的情况接二连三地发生，不愿意发生的事情依次而现，去年是这样，今年也一样如此。是谁在引发这些事情呢？是你惯性的错误经验。出现错误的时候不能局限在错误本身，要找到错误的本质，挖掘根源，把它摆出来，这样才会印象深刻，做到心中有数，在下次遇到类似问题的时候有所警惕。

自我反省是一个人对自己负责的表现，要头脑清晰地活着，不稀里糊涂地过日子。自省心强的人能了解自己的优劣，因为他时时都在仔细检视自己。这种检视叫作“自我观照”，其实质也就是跳出自己的身体之外，客观地、坦率无私地审察自己的所作所为有哪些纰漏。这样，就可以真切地了解自己，使自己随时得到“自我观照”，改过自新。

反省的力量

反省是一种能力，反省能力好的人表现为意志力强、个性独立、有自己内在的世界观、喜欢独处、追求自己的兴趣、自信、穿著有自己的风格、能独立完成主题研究。人必须要学着成为自己最好的朋友，因为人太容易变成自己最大的敌人了。不论你的地位有多崇高，你必须一直有勇气对自己说："我永远是无知的。世上最大的过错，莫过于一个人自己一辈子都不犯错；人类的骄傲，往往就是自身最大的弱点。而一个人要想避免自己的盲目，就要懂得反省自己。"

著名的思想家曾子曾说过："吾日三省吾身，为人谋而不忠乎？与朋友交而不信乎？传不习乎？"从这句话人应该明白一个道理，那就是学会反省。自我反省的能力是人们一种内在的人格智力，是认识自我、完善自我和不断进步的前提条件。具备自我反省能力的人，就能正确地看到自己的不足，随后能够心甘情愿地去不断完善自己，让自己变得更加优秀。

小鹏再次失业了，到处应聘也没有找到一份合适的工作，心里十分烦恼。有一天晚上，他坐在自己的出租屋里沉思。想起自己的三个好朋友，张寒、李运和陈刚都混得比他好多了。张寒是工程师，李运是一名运营经理，陈刚在一家杂志社当主编，都是相当体面的工作，小鹏扪心自问，自己并没有什么地方不如他们。经过长时间的反思，小鹏终于明白了自己落后他人的原因，那就是性格上的差异。

小鹏一直想到深夜两点，但是他的头脑依然很清醒，他用自省的“镜子”观照自己，发现自己第一次看清了自己，认识到了自己过去的种种缺陷。一直以来自己常常骄傲自大，而且做事情比较冲动，在工作上没有进取心，另外意志也不够坚定。然后，小鹏痛下决心，决定痛改前非，做一个自信、乐观的人。

第二天，小鹏怀着自信去面试，结果被顺利地录用了，在他看来，他之所以能得到那份工作，与前一晚的反省有很大的关系。上班以后，凭着自己的努力，小鹏很快就在公司树立了良好的口碑。有一段时间，公司的经济状况很不景气，员工的情绪都不稳定，而意志坚定的小鹏已经成了公司的中流砥柱了，小鹏力挽狂澜，带领公司的员工渡过了难关。因为他在公司最危难的时候做出了很大的贡献，老板将他提升为副总。

从小鹏身上人可以看到，他之所以能够取得成功，离不开自己的反省意识。是的，如果不懂得常常反省，那么你就不知道自己的缺陷在哪儿，也不会明白自己怎么去改善自己。只有多多反省，你才能巧妙地运用自己的能力，使自己走向成功。

反省是人们认识自己的秘诀，大多数人因为没有经常反省自己的习惯，所以经常看不到自己的变化和周围环境的变化，进而看不清自己的本质，于是无法思考自己的未来。只有懂得了反省自己的不足，才能更好、更便捷地去实现自己的梦想，才不会得过且过地去面对自己的人生。

杨青和聂新是多年的朋友，他们在同一个地方的一栋高级写字楼里，各自有一家小型公司。杨青公司的工作环境非常不和谐，员工们经常为鸡毛蒜皮的小事吵架，人人相互戒备，每天怨声载道，让人感觉度日如年；而聂新公司的员工们彼此之间则相互坦诚，相互尊重，人人笑容满面，每天心情愉快，开心不已。杨青看到聂新的员工们天天和睦相处，内心非常羡慕，却又不知其中奥妙所在。于是，有一天他去楼上想找聂新讨教。不巧聂新不在，在接待大厅，他向接待员讨教秘方。

杨青问：“你们有什么好办法使公司里一直保持和谐愉快的气氛呢？”那

位普通接待员不假思索地回答："因为人经常做错事。"正当杨青对此感到疑惑不解时，忽见一员工从外面回来，走进大厅时不慎摔了一跤。

这时，正在拖地的勤杂人员立刻跑过来，一边扶他一边道歉："真对不起，都是我的错，把地板拖得太湿，让你摔倒了，我向你真诚地道歉。"站在大门口的值班员见状也跑过来说："不，都是我的错，没有及时提醒你大厅里地板还没有干，应该小心点，都是我一时疏忽造成的。"摔跤的员工听后没有一句抱怨的话，更没有指责任何人，只是自责地说："不，不是你们的错，是我的错。都怪我自己太不小心了……"

看到了这一幕，杨青恍然大悟，他终于明白了聂新的员工们和睦相处的原因所在。回到公司以后，杨青进行了一系列的培训教育，让每个员工从自身做起，半年后，公司风气有了明显的好转。

有一对夫妇因偷盗而被示众，人们万分愤怒，指责与谩骂声像海浪一样，一浪高过一浪。有人甚至还提议用石块将夫妇打死，而人们也都同意这样做。正当他们准备用石块砸向这对夫妇时，有位智者路过了广场。他看到这种情况，想了想，然后对愤怒中的群众说："好吧，那么就要我们当中从来没犯过一次错误的人扔第一块石头。"话音刚落，人们就都不说话了。"看来大家都犯过错误啊，那就没有人定你们的罪吗？"

每个人总是很容易发现别人的缺点，然后拿别人的缺点跟自己的优点相比，然后觉得，嗯，自己还挺不错的。其实，这时你恰恰忘记了自己的缺点正在腐蚀着你的生活，腐蚀着你的灵魂。所以，人要多反省自己。也许人会因为反省而少了一些浪漫和激情，但是人却多了成熟、幸福的机会和成功的机遇。而一个人要想与时代同步，那就更需要不断地反省自己；因为一个不知道反省自己的人，是不会进步的，人总不能老站在跑道的起点上周而复始地画零吧。

学会反省自己，就是要敢于面对自己，敢于承担责任。一个真正聪明的人是不会逃避责任的，只有懦夫才畏首畏尾，推搪塞责，不负责任。如果你想取得成功，你就要学习做一个智者，学习做一个明白事理的人，否则，你在一生中也不会有勇气面对困难，使得生命就如一潭死水，泛不起半点涟漪。

经常反省自己，可以把自己心中不愉快的事情忘掉，可以理性地认识自己，对事物有清晰的判断能力；也可以提醒自己改正过失，还可以告诫自己要从别人的错误中吸取教训……人只有全面地反省自己，才能真正认识自己；只有真正认识了自己并付出了相应的行动，才能不断改正自己，完善自己。因此，每一个人都要学会自我反省，做一个经常反省自己的人。

我们如果做错事或说错话时，别忘了提醒自己一句："要认真反省一下。"人只有知道反省，才能看到自己的错误；人只有看到了反省，才能看到自己的不足；人只有反省，才能认清自己；只有学会反省，人才能有进步；人只有学会反省，才能拥有更好的人生。

适合的才是最好的

人生的道路上，找到适合自己的目标非常重要。否则，人将永远挣扎于不满意的情绪之中。所以目标是一种方向，需要人恰当地选择。在人选择目标的过程中，假如一个目标发生了问题，应当更换另一个目标，这样才能确定自己的强项，才能把事情做好。因为不管什么只有合适的才是最好的，目标同样也不例外。

从小到大，比特做什么事都要比别的孩子慢半拍，同学讥笑他笨，老师也说他不努力，他曾试图去做好、去改变自己，然而却始终做不好。直到比特上了九年级后，才被医生诊断出患有动作障碍症。高中毕业后，比特申请了十所最一般的学校，心想不管怎么也会有一所学校录取他。可直到最后，他连一份通知书也没有收到。

后来，比特看了一份广告，上面写着："只要交 250 美元，保证可以被一所大学录取。"结果他付了 250 美元，有一所大学真的给他寄来了录取通知书。看到这所大学的名字，比特即刻想起了几年前，在一份报纸上看到报道有关这个大学的文章："这是一所没有不及格的学校，只要学生的爸爸有钱，没有不被录取的。"当时比特只有一个信念："我要用自己的成绩去证实这是个错误的说法。"

在这个大学毕业后，他进入了房地产行业。22 岁时，他开了一家属于自己的房地产公司。此后，在美国的四个州，他建造了近一万幢公寓，拥有 900 家连锁店，资产数亿美元。后来，比特又进入到银行业，做起了大总裁。

比特是一个笨孩子，他是怎么走向成功的呢？比特自己讲述了以下三点：

“第一，每一个人都有自己最强的一项，有的人会写，有的人会算，对有些人难的事情，对另一些人却很简单很容易。我想强调的是：一定要做最适合自己的事情，不要为迎合别人的口味而去做一件不属于自我，却要付出巨大代价的难事。第二，我非常幸运自己有如此谅解我、对我容忍又有耐心的父母，如果有一个考题，别人只花 15 分钟，而我必须用两个小时完成的时候，我的父母从来不会因此而打击我。对于我的父母来说，只要自己的儿子尽力而为，他们就已经达到目的。第三，我从不跟自己的同班同学竞争，如果我的同学又高又壮，跑得很快，而我又小又矮，为什么一定要跟他们比呢？知道自己在哪里可以停止，这非常重要。我也曾经问过自己千百次，为什么别人可以学习得轻松？为什么我永远回答不了问题？为什么我总要不及格？当知道自己的病症以后，我得到了专业人士的关爱和解释，理解自己和理解别人，非常重要。”

一些聪明的人，如果没有遇到合适自己的工作，可能不会成功；一些笨拙的人，如果遇到自己合适的工作，也可能会成功。所以从某种意义上说，工作没有高尚与低贱之分，关键是看是否适合自己。比如数学家陈景润，可以攻破世界难题——证明哥德巴赫猜想，摘取数学“皇冠上的明珠”。但是据说由于性格原因，他做不好一个数学教师，这不代表能力问题，而是这种工作不适合他自己。只有适合自己，才能做出成就。

如果人以相当长的经历长期从事一种工作，但仍然看不到一点点进步，一点点成功的希望，那么就应该反思一下：从自己的兴趣、目标、能力来说，自己究竟是否走错了路？如果走错了，就及时回头，去寻找适合自己、更有希望的工作或行业。

因此，我们在制定目标计划，设定理想的时候，都需要考虑是否适合自己，如果一味地过高追求，和别人盲目攀比，不顾及自己的兴趣、优势，那么以后的努力也将收效甚微，甚至是南辕北辙。

一条乡村的小路上，有一眼清澈的山泉。村里的人上街或者串亲戚，路过山泉便停下来，蹲在泉眼边喝水解渴。这里放着一个残破的半边碗，是用来让过路人在泉眼里舀水喝的。

以前，泉边连半边碗也没有，人们就用手捧水喝，或用树叶折叠成碗状舀水喝。山泉边有些树木和花草，风景宜人，过路人如果时间不紧，还在泉边喝水、歇息，等到养足了精神，才往前赶路。所以，这眼路边山泉是人们流连忘返的地方。至于那个半边碗，当时人们感觉不出它的美和丑，脑海里也留不下什么印象。

只是到了有一天，一只非常漂亮的瓷碗的出现和丢失，才让人们对半边碗产生了许多的联想和感慨。不知是什么时候，一只漂亮的瓷碗不声不响地在山泉边留下了，代替了那个曾经使用多年的半边碗。但大家都知道，是因为泉水太甘甜，泉边的风景太美丽，便有人认为那个半边碗与泉水和泉水边的风景不相匹配，认为只有换上好瓷碗后，泉水边才会更加有情趣。

然而，让人想不到的是，没过几天时间，那只漂亮的瓷碗不翼而飞。好碗丢失了，半边碗又被扔掉了，人们又只好用树叶或用手捧水喝，相当不习惯。所以，又有人买来一只好瓷碗，放到了泉水边。这只瓷碗的命运，与前一只瓷碗的命运没有两样，时间不长，好瓷碗再次丢失。

这时候，人们才想起来，半边碗除了在山泉边上有用，在其他地方是没有用处的，而漂亮的瓷碗，它放在哪里都能产生价值和作用。人们对瓷碗的丢失也不再大惊小怪。只不过，瓷碗丢失了，扔在了一边的半边碗，只有再去捡回来，让它重新回到原来的位置。人们都清楚了，再买好碗放在泉眼，已经没有必要，因为它的美好最后只会给路人带来更大的不便。而那重新捡回来的半边碗，却可以一直沿用下去，让路人在欣赏美景的同时，也享受到了实用的价值。

很多时候，好东西不一定适合，而适合的也不一定就是好东西。不仅仅是理想、事业、工作人要选择适合自已的，其实生活的其他方面也是一样，只有适合自己的才是最好的。

比如对于服饰外貌，人也不可一味地追求豪华高档、名牌时尚，只要穿出自己的个性就可以了。追求时尚在一定意义上也是一种模仿，它同样会让人失去个性。婚姻也是如此，它就像一双鞋子，合不合脚只有自己知道，很多在别人眼里是“男才女貌”的组合，最终却劳燕分飞，而许多别人不看好的一对，却可以白头偕老。所以人不能随波逐流，不必在意别人的评价和议论，只要是适合自己的，对自己来说就是最好的。

正如但丁的那句豪言：“走自己的路，让别人去说吧。”爱默生在一篇评论自信的文章中这样写道：“要成为一名顶天立地的男子汉，就不能随波逐流。”成为自己想成为的人，做自己认为对的事，无论结果如何，都会获得一种无与伦比的成就感。

每一个人在攀登人生顶峰的旅途中，可以听取别人的意见，接受别人的帮助，如果过多地在意别人的意见，没有了自己的主见，必将陷入随波逐流的深渊，自己不能把握人生的方向，更不必说获得幸福快乐的生活。一定要记住，适合自己才是最好的，放弃人云亦云，不做别人言语的傀儡；否则，人不但会在左右摇摆、不知所往中身心疲惫，失去许多的宝贵机会，错过很多的缘分，甚至还会失去自我。

一个人由于找错了职业以致不能充分发展自己的才干，这实在是件可惜的事情。但是，只要他能够认识到这个问题，就算晚了一些，也仍然有东山再起的希望。只要找到正确的方向，就完全有可能走上成功之路。到那时，他一定会感到自己的生活和思想都焕然一新，似乎变成了一个新人一般。所以，人要为自己设定一个适合的目标，使理想在现实条件下可能实现，就会给人带来快乐幸福。

既然选择成长，就要接受历练

你可以不成功，但你不能不成长。你会在生长的过程中懂得如何爱自己。在人们的一生中，往往支撑伟大的是那些不为人知的困难、艰苦、挣扎等琐碎的细节。正如，远征之路看上去宏伟、美好、蜿蜒迤逦，那一路尘沙氤氲，扬起的似乎是如诗般瑰丽浪漫、如画般色彩斑斓的前程，脚下所踩的是大地母亲支撑人追求理想的黄土，远处还有艳阳，还有彩虹。但当人走上这段路之后才发现，每一步路，都要身体力行地用脚去丈量，于是蜿蜒迤逦变成了崎岖坎坷，尘沙氤氲变成了风尘仆仆，黄土变成了满路泥泞，艳阳虽好却让人酷热难耐……彩虹不知道会出现在远方何处，结果只留下风吹雨打的真实。

直到这时，人才算明白了一条真理，那些看上去波澜壮阔的美好，实际上却意味着背后可能有你看不见的大起大落。人根本没有想象中那般强大，人也改变不了世界。“一开始，人都相信，厉害的是自己；最后，人无力地看清，强悍的是命运。”

有那么些年，很多人都不知道人生的意义是什么，不知道自己活着是为了什么，也不知道如何才能在一片迷茫中，找出属于自己的那条路。人总是想倚靠不多的努力就改变整个世界，但人终将发现生活本身是一个简单又复杂的矛盾综合体，它根本不可能一说改变就能改变的。那时，人开始反省自己，然后承认已被打败了，但人依然不想接受被生活打败的这个现实。

如果人生是用来被生活打败的，人为什么还要苦苦努力？因此，你进入了迷惘期。年轻时候的迷惘是一件好事。它意味着，人走出了父母的庇护，不再用父母的价值观、世界观和人生观来看待问题，不再以满足父母的期望为生活的意义。人有了独立思考的意识，有了想弄清自己和世界的愿望。

迷惘一阵子也是一件好事，至少说明人还有追求，还对生命的意义有追问。只要人不懈努力，在错误中、在痛苦中反省自己，总还能找着属于自己的那条路。

杰瑞身材矮小，样貌丑陋，学历也不高，毕业找工作的时候，被很多公司拒之门外。于是，在他心里自己成了一个无用的人，以致再没有信心去任何一家公司应聘，只能靠政府的救济金度日。时值美国经济大萧条，上千名示威者聚集在美国纽约曼哈顿，他们高举标语，要求政府将更多的资源投入到保障民生的项目中去。

他参与了这场运动，连续两周每天到曼哈顿参加抗议活动，希望借此改变自己的状况。到了第三周，他甚至对父母说，他要带个帐篷，要长期坚守在那里进行抗议活动。父亲听后叫住了他：“你懂得维护自己的权益是值得肯定的，但是，你忽视了一个关键问题。”

“我忽视了什么？”

“抗议不会很快从根本上改变你的现状。你现在的状况仅仅是社会分配不公引起的吗？”父亲问，“在就业的问题上，你采取积极的态度了吗？”这个年轻人沉默了。

“老板总会追求利润，政治家在耍手腕，金融风暴来袭，全球经济发展放缓，很多老板就是喜欢聪明而有才气的人……世界就是这样在运转，这很难改变。”

“那我该怎么办？”他问。

“孩子，振作起来，先做好自己再说吧。”

在父亲的鼓励下，他开始去找工作。很快，一家影视公司看上了他，请他做特型演员。后来，他成了美国西部当红的喜剧明星。他的故事告诉人，你可以不成功，但你不能不成长。也许有人会阻碍你成功，但没人会阻挡你成长。

到最后能成就人的并不是命运，而是人自己。在任何一段关系中，人不仅要以善待人，更要善待自己。这是生活的智慧。

家住得克萨斯州的丽兹·维拉斯奎兹，出生时就被发现得了一种极其罕见的怪病：马凡氏综合征，身体无法储存脂肪——得这种怪病的包括她在内，全球只有三个人。更糟的是，4 岁时，她的一只眼睛开始从褐色变成蓝色，经过医生诊断后才发现，她的这只眼睛已经失明了……虽然在父母的精心照顾下，她艰难地活了下来，但每天不得不吃很多顿饭，每隔十几分钟就要吃一餐。即使这样，20 多岁的时候，她的身高只有 157cm，体重只有 25kg。这相当于一个 8 岁女童的身体重量。因为身体的脂肪近乎为零，她的体型干瘪，被人嘲笑为“骷髅女孩”。

17 岁那年，她浏览网页时意外地发现自己成了一段视频《世上最丑的女人》的“主角”，原来有好事之徒悄悄将她的形象拍摄下来上传到网上。更令人伤心的是，这部短片的点击量竟然超过 400 万次。无数网民在视频的评论中释放语言暴力，甚至有人要她自杀离开这个世界……

可她并没有退缩，而是选择勇敢地站出来迎击这一切。尽管骨瘦如柴、身体多病，她还是积极参加学校的各种活动，并成了拉拉队的队员。后来，她决定用自己的亲身经历为弱势群体争取点什么。于是，她拍摄了一部关于自己成长的纪录片并开始做演讲。结果她的故事一下子风靡互联网，激励了很多因自卑而自暴自弃的年轻人，她出版了讲述自己经历的书，甚至在参与反欺凌的立法工作中成功地游说了国会议员。

被千万人讥笑的丽兹，是怎么走出人生的低谷找回了自信的感觉呢？在几年之前，丽兹写了一个“爱自己”的清单，清单上，她写下了自身所有的优点，无论是身体上的，还是性格上的。她把清单贴在浴室的镜子上，以便每天都能看到它，直到自己相信这些文字。每次她质疑自己的时候，首先会想到这个清单，想起“我的确有可爱的地方”。慢慢地，她不再困扰于别人的质疑。

“你必须完全自信地意识到，爱自己就足够了，”丽兹说，“你不需要用别人的标准来衡量自己，你不需要像别人一样胖或者一样瘦，不需要把自己和别人相比。你需要的，只是做自己。因为每个人都是无可替代的，每个人都有可爱的地方。”

什么事情都需要一个过程，你应该坚强地面对一切，但你也有权不委屈自己，到最后达到的最好状态大概是你懂得了如何爱自己。那时，你不会再牺牲掉所有的时间和精力，去打拼别人眼中的辉煌未来，而是在当下努力去做自己喜欢做的和有趣的事情，让自己的内心充盈着喜悦，让现在的每一天，都以自己喜爱的方式度过。

天下唯一能不劳而获的东西是贫穷，没有一种苦难不是成长的营养剂，也没有一种成长不是在告诉人，你可以过得更好一些。成长的道路是用接踵而来的心灵挣扎和无数次泪流满面后的觉悟铺就的，其中有蜕壳的痛，有忍受不被接受、不被理解、不断将自己身上的刺砍掉。

你走你的路，他看他的戏

人生在世，当面临抉择的时候，你会坚持走自己的路，不在意别人的目光吗？还是在别人的目光下将自己的选择扼杀，再倾向于别人的认可？还是合理地选一条合适自己的路走，让别人说去吧。既然这是自己所选的路，就不要去管别人说三道四了，也不论这条路多么曲折崎岖，不论路上有多少障碍，人还是要一直走下去，因为这条路是人自己的，人的脚应稳稳实实坦然地踏在属于自己的路上。

爷俩在街上买了一头驴子，回家的时候，爷爷心疼孙子，让孙子骑驴，自己牵绳步行。旁边人就说："孙子不懂事，自己骑驴却让年老的人步行。"孙子很羞愧，于是就让爷爷骑驴，自己步行。

这时又有人说："爷爷真不懂事，只顾自己骑驴，却让孙子步行。"爷俩只好都骑在驴子上，别人又批评他们虐待驴子。

最后，两个人只好都不骑驴子，这时仍然有人在笑话他们："有驴子不骑，真是太蠢了！"

这个故事告诉人，做任何事情不可能让所有人都满意，因为每个人的看法都不一样，所以也不必过于在意别人的议论。

为人处世要讲求一定原则，只要襟怀坦白，无愧于心，就不要在意别人的说法。因为你不管怎么做，只是一个人的力量，不可能让所有人都满意。再说林子大了，什么鸟都有，世界大了，自然也是什么人都有。既然如此，那么就不要去试图苛求得到所有人的认可。反过来想，如果可以使所有的人都满意，说明大家的观点都一样，姑且不说社会的发展和进步，就是世界也会变得千篇一律，而不会如此五彩缤纷，精彩异常。

“无须让所有人都满意。”意思简单，道理深刻：社会由众生构成，每个人从不同的角度去看问题，这就必然有各自满意与不满意的地方。就是同一个人随着社会经验人生阅历的增加，也可能在不同时期有不同的看法。所以你每做一件事只要不违背原则，无须让所有人都满意。事实上也不可能让所有的人都满意，只要自己问心无愧即可。

“公说公有理，婆说婆有理。”面对同一件事情，有多少个人就有多少种道理。人生不是做算术题，每一个问题都有固定的标准答案。很多时候，谁是谁非难以定夺。如果企图把每一件事情都弄得清楚，那样势必把自己搞得太累。其实，只要不是大的原则问题，还是随意一点好。

从前有个画家，想画出一幅人人见了都喜欢的画。他把画好的画放在路边，在画旁放了一支笔，并附上一则说明：亲爱的朋友，如果你认为这幅画哪里有欠佳之笔，请赐教，并在画中标上记号。

晚上取回画时，整个画面都涂满了记号——没有一笔一画不被指责。画家心中十分不快，对这次尝试深感失望。

他决定用另外一种方法再去试试，于是他又画了同样的一幅画拿到路边。这次他请每位观赏者将其最为欣赏的妙笔都标上记号。结果是，一切曾被指责过的笔画，如今却都换上了赞美的标记。

最后，画家无不感慨地说：“我现在终于明白了，自己做什么只要使一部分人满意就足够了。因为有些人看来是丑的东西，在另外一些人的眼里则恰恰是美好的。”

就像故事说的那样，每个人的欣赏水平，欣赏角度不一样，所以对同一事物的评价也是各不相同，所谓“众口难调”说的就是这个意思。尤其是在进行艺术创造的时候，你如果在意大家的观点，那么创作就会趋于大众口味，结果最多是个三流水平。综观古今中外，那些流芳后世的作品在当时都是不被接受的，比如大画家凡·高，他一生贫困潦倒，他的画不被人欣赏，直到他去世之后，人们才发现他作品的伟大艺术成就，而和凡·高同时代的，在当时声名显赫的画家又有几个人能被后世人知晓呢？

不仅仅在创作中是这样，在日常生活中，由于习惯、爱好不同，所以难免会不合别人的标准，或者能力有限，难免受到非善意的嘲笑，此时，人都应该坚持自己的原则，放弃那种太在意别人的心态，让自己活得轻松一些。

别人说的，让人说去；别人做的，让人做去。你控制不了别人的言论自由，但是，绝不要被人家的评价牵住自己，更不要因别人的言语而苦恼。记住：自己就是自己，自己才是自己的主人。

要想活得精彩，就要活得真实

人一生最重要的就是做自己。然而在生活的忙碌中，很多人却迷失了自己，他们但往往是照猫画虎，不断地效仿成功者的方法和模式，却把真实的自我丢掉了，忽视了自身的优势。其实，每一个人都是别人不可比拟的，都有自己的优点和特质以及特定的潜质。当你把自己找到了，就找到了通向成功的起点。

聪明人从来不去询问别人，他们被允许做什么。他们只做自己想做的事，做自己该做的事。当愚者为没有遵循成功者的准则而叹息时，聪明人却在轻松坦荡地依照自己的原则生活，这个原则就是："我首先是我自己，然后才向别人学习。"想要成为一个聪明的自己，就要敢于做自己。

意大利著名电影演员索菲亚·罗兰，曾经为了实现自己的演员梦，16 岁时就到罗马寻求发展。刚开始，她就听到许多不利于自己在演艺界发展的议论。有的说，她个子太高，臀部太宽，有的说，她鼻子太长，嘴太大，下巴太小……种种议论都表明了一个事实，那就是：她的形象根本不适合做一个电影演员。然而，索非娅不在意这些，她依然坚持自己的人生追求。

不过，幸运的是制片商卡洛看中了她，带她去试了许多次镜头。但摄影师们也都抱怨无法把她拍得美艳动人，因为她的鼻子太长，臀部太"发达"了。于是，卡洛对索菲亚·罗兰说："如果你真想干这一行，就得把鼻子和臀部'动一动'，做一次整容手术。"

索菲亚·罗兰是个有自己主见、不愿意随波逐流的人，她断然拒绝了卡洛的要求。她决心不靠自己的外表而靠内在的气质和精湛的演技来取胜，并理直气壮地说：“我为什么非要长得和别人一样呢？我知道，鼻子是脸庞的中心，它赋予脸庞以个性，我就喜欢我的鼻子，必须保持它的原状。至于我的臀部，那也是我的一部分，我只想保持我现在的样子。”

索菲亚·罗兰没有因为别人的议论而停下自己奋斗的脚步，她将压力化成了动力。自1950年从影以后，她一共拍了60多部影片，她的演技达到了炉火纯青的程度，她的善良和纯情也被观众认可。1961年，索菲亚·罗兰获得了奥斯卡最佳女演员奖，她成了世界著名影星。

随着索菲亚·罗兰事业上的不断成功，那些有关她“鼻子长，嘴巴大，臀部宽……”的议论都销声匿迹了。不仅如此，她的那些体态特点逐渐变成了评选美女的标准。在20世纪末，耄耋之年的索菲娅·罗兰被评为本世纪“最美丽的女性”之一。

索菲亚·罗兰把自己的成就归功于她坚持做自己：“我谁也不模仿。我不去奴隶似的跟着时尚走。我只要做我自己。当你把自己独有的一面展示给别人的时候，魅力也就随之而来了。”

索菲亚·罗兰的成功正是因为她敢于做回自己，面对别人的嘲弄和各方面的压力，她并没有听从别人的意见而抱怨自己的长相，相反她决心依靠演技来征服观众，经过不懈的努力，她终于成功了。试想如果当时她依照别人的意见，果真把自己的鼻子和臀部“动一动”，那么即使她后来真的成功了，也没有自己的个性，只会是某个著名明星第二，不可能有自己的风格。

在当今对明星趋之若鹜的时代里，模仿别人更是愈演愈烈，各种形势的超级模仿秀，都没有了自己的个性，即使是成功了，也只是明星的复制品。

聪明人就是敢于做自己、坚持做自己的人。每一个人都是一个独特的个体，个人魅力和气质是自己最大的优势，是别人所难以模仿的。人每一个人都是这个世界上的唯一，谁都无法代替。人只要坚持做自己，走自己的路，做自己想做的事，坚持下去，就能获得属于自己的成功。因为只有敢于活出自我本色的人，才能真正成为生命的主角，成为自己命运的主宰。整天随波逐流、人云亦云的人是很难有杰出的成就。

古语说得好：“刻鹄不成尚类鹜，画虎不成反类犬。”简单地说，人生就是要活出自己的风采，做自己想做的事。头顶着章士钊的外孙女，作家章含之的女儿，导演陈凯歌前妻等一系列的头衔，洪晃向社会表白：“我不靠家庭背景吃饭，我要做回我自己。”她有自己的事业和追求，有自己的信念和方向。

洪晃是国际互动传媒集团总裁，《乐》杂志出品人、主编，旅游卫视《大人在说话》主持人，还著有文集《我的非正常生活》，她的生活可谓丰富多彩。

洪晃的为人一向是我行我素，个性十足。在节目里，洪晃围绕男人的谎言、全职太太、职业妇女、名校情结等话题，和她的嘉宾朋友侃得天昏地暗。洪晃说：“我很感谢这个节目，让我有两个很好机会：一个是学习的机会，当主持人需要看大量的资料，以前忙于公务没有时间学习，现在必须找出时间像个学生温习功课一样来查阅大量的资料，另一个就是跟很多陌生人交流的机会，和读者、观众互动起来，这对做杂志的人而言很重要。”

洪晃还曾经办过咨询公司、网络公司，当时的生活，用她的话讲就是：“被信用证、谈判、合同包围着，天天都要和别人喝酒、应酬、催款、陪人家去卡拉 OK，生活的中心总是围绕应酬转，我觉得自己快死掉了。”

最后，她找到了适合自己的生活方式，就是办杂志。有朋友劝她说：“要让一个人赔钱就让他投资电影，要让一个人生活不好过就投资杂志，要让一个人穷一辈子就让他投资画廊。”虽然众说纷纭，但她还是坚持办杂志，就像她自己说的：“我这一辈子的信念就是走出一条自己的路。”在这条路上，她获得了鲜花和掌声。

像洪晃这样敢于展示真实的自己，敢于选择自己生活的公众人物并不多，现实生活中，人总是看到一些成功人士和娱乐明星，为了维护自己在公众面前的形象，不敢暴露自己任何的私人问题，有时候被暴露一些什么的时候，总是极力去掩饰，大有欲盖弥彰之嫌。虽然有了名人的光环，但是却没了自己。

权力、名誉都是身外之物，人人都可尽力为之，但没有人可以代替自己真实的人生。人活着总太在意别人的感受，总是因别人的感受去改变自己、委屈自己，说自己不喜欢的话，做自己不喜欢的事。人生根本不必如此，人要学会做自己的主人，认真地审视自己，明白真实的自己，按照自己的个性去发展。

每一个人都要敢于选择走自己的路，也许这条路热闹、或许冷清，又或许许寂寞或快乐。而人走在路上，需要的不仅是不败的意志，更需要有不屈的勇气。人一定要懂得经营自己的人生，把人生打拼得有声有色，活出自己真实的风采。

第6章

完美自我，朝成功迈进

要知道自己是最棒的

每个人都有自己的缺点和优点。当你认识到自己的优点，不断地为自己加劲儿，即使没有人欣赏人，那么还有自己，人永远是自己忠实的“粉丝”。这样，人才能更真实地生活在自己的世界里，找到属于自己的快乐人生。

渴望得到别人的欣赏是人的本性，自己的能力被别人肯定是一件让人兴奋的事情。但是，很多人把得到别人的肯定作为自己的终身奋斗目标，一旦得不到别人的欣赏就会一蹶不振，夸大自己的不完美。其实大可不必。

美国心理学家维恩·戴埃曾写过一个寓言故事，大意是说一只老猫见到一只小猫在追逐着自己的尾巴，便问道：“你为什么总是在追自己的尾巴呢？”小猫说：“我听说，对一只猫来说，最为美好的就是自己的幸福，而这个幸福就是自己的尾巴。”老猫说：“我小时候也像你这样想过，但我现在已经发现，每当我追逐自己的尾巴时，它总是一躲再躲，而当我着手做自己的事情时，它总是形影不离地伴随着我。”

这则寓言故事明确阐述了这样一个道理：如果心中没有渴望等待别人欣赏的初衷，就会消除很多的自我桎梏。舒展自己的个性，发挥自我行为的主动性，学着欣赏自己，赢得不应该失去的机会，才能得到别人更多的欣赏与赞赏。只有放弃追求众人赞美的完美性，才能让你自身的完美真正地显露出来。

得到别人真诚的鼓励和真正的欣赏，可以帮助一个人战胜自我，获得自信，从而更加勇敢地面对生活。但是别人的赞赏可遇不可求。佛说，求人不如求己。因此，最简单的让自己快乐起来的方法就是学会自我欣赏，适当地自我鼓励，从点点滴滴的自我完善中获得快乐。

一个人的魅力可以由自己的心境制造。美国著名的音乐家麦克约瑟说：“你自己与自己的心交流，要赞美它，让它感到你对它的赏识，那时候它才向你释放灵感。”是的，人只有欣赏自己，才能发挥自己的才能。所以，与其站在那里眺望别人的背影，不如坐下来静静地想一想自己走过的每一个坚实的脚印。只要努力寻找，就会发现自己的生活中亦有许多值得骄傲的地方。

欣赏自己，不是鄙视别人的狂妄自大，而是源于对自己生命的珍视和热爱；欣赏自己，不是让自己成为“井底之蛙”而不见更广阔的天空，而是让自己抛弃浮躁后更成熟地走向远方。

一家报纸曾刊登了这样一件事情，说的是父亲心情不好时，喜欢在阳台上摆弄他的几株花；儿子的心情不好时，则喜欢到阳台上欣赏父亲的花。父亲说，浇花松土、除草施肥中可以得到最好的享受，儿子却认为赏花才是最好的感受。父亲的实验项目被人换了，他沮丧了好几天，闲时就到阳台上种花，儿子心疼父亲的身体，到阳台看他。父亲凝视着花盆里的一株小草，一动也不动。

“爸爸，为什么不把它拔了？”儿子问。

父亲说：“它太嫩了，拔了可惜呀！”

儿子觉得好笑，说：“一株草有什么可惜的？”

“爸爸，你欣赏这草？”儿子同时又觉得惊诧。

父亲突然回过头来说：“不，我是在欣赏我自己。”

“啊！”儿子不禁一愣，一向书生气十足的父亲，说这句话时竟有几分儒雅以外的严厉和坚定。

父亲忽然缓缓地说：“我欣赏我自己，因为我和这小草一样坚忍不屈。你看，这花盆里净是些用来固定花苗的瓦砾，这草茎硬是从瓦砾间钻出来。我也是这样，我的实验项目被人换掉了，但我昨天又递交了参加实验的申请书，我要参加这次我并不拿手的实验，想看看自己的能力。仅仅这一点，就值得自我欣赏。”父亲顿了一下，爱怜地问，“孩子，你欣赏你自己吗？”

儿子又愣住了，欣赏自己，这是何等高深的话题呀！

父亲见他没回答，笑着对他说：“欣赏自己，就要发现自己的闪光点，要自信、要乐观。你已经是大人了，应该明白了。”父亲的话很深沉，但儿子听得很入耳，他知道父亲正用深深的父爱，浇铸着他的品格、性格和人格。

人不可能营造完美的自己，但是人应该学会欣赏自己，欣赏自己的开朗自信，欣赏自己的聪慧大方，欣赏自己的平凡普通，欣赏自己的独一无二。人的一生，或许有不少人会值得自己欣赏，但是最应该欣赏的还是自己。

卡耐基说过一段耐人寻味的话：“发现你自己，你就是你。记住，地球上没有和你一样的人……在这个世界上，你是一种独特的存在。你只能以自己的方式歌唱，只能以自己的方式绘画。你是由你的经验、你的环境、你的遗传造就的你。不论成功与否，你只能耕耘自己的小天地；不论成功与否，你只能在生命的乐章中奏出自己的音符。”

的确，人每个人都是独一无二的，没有人可以取而代之。这个独特的“我”，既有优点，也有不足。一个人只有充分地自我接纳，懂得欣赏自己，才能自信地与人交往，出色地发挥自己的才能和潜力。假如一个人不懂得欣赏自己、接纳自己，老是以怀疑的、否定的态度看待自己，就有可能限制甚至扼杀自己的创造力。事实上，人的身边因为自卑自怜、自暴自弃等各种心理原因而造成的悲剧事例已经太多，不但给家人造成痛苦，而且给社会造成损失。当然，就更别说怎样赢得别人的欣赏和肯定。

欣赏自己并不是傲视一切的孤芳自赏，也不是唯我独尊的狂妄不羁。因为它不需要大动干戈的气势，也不需要改头换面的勇气，它只属于一种醒悟，一种面对困难时能给予自己信心的源泉，一种推动自己向挫折挑战的动力。

在一次讨论会上，一位著名的演说家手中高举着一张 20 美元的钞票，面对会议室里的 200 个人，他问：“谁要这 20 美元？”一只只手举了起来。

他接着说：“我打算把这 20 美元送给你们中的一位，但在这之前，请准许我做一件事。”他说着将钞票揉成一团，然后问：“谁还要？”仍有人举起手来。

他又说：“那么，假如我这样做又会怎么样呢？”他把钞票扔在地上，又踏上了一只脚，并且用力碾它。而后他拾起钞票，钞票已变得又脏又皱。“现在谁还要？”还是有人举起手来。

“朋友们，你们已经上了一堂很有意义的课。无论我如何对待那张钞票，你们还是想要它，因为它并没有贬值，它依旧是 20 美元。人生的路上，人会无数次被自己的决定逆境击倒、欺凌甚至碾得粉身碎骨。人觉得自己似乎一文不值。但无论发生什么或要发生什么，在上帝的眼中，你们永远不会丧失价值。在他看来，肮脏或洁净，衣着整齐或不整齐，你们依然是无价之宝。”

人生自古多磨难。但是，只要人学会悦纳自己，不断给自己鼓励，减少自己承受生活的压力。如果人被繁重的工作或学习的巨大压力所左右，那么不妨停下来歇一会儿，不要只顾在匆匆行程中奔波，不要再把烦恼和自怨塞进行囊。泡上一壶清茶，学会欣赏一下自己，那么，人会很惊奇地发现：其实，自己也很出色。

欣赏自己的人是自信的人，欣赏自己的人也是会学习的人。因为欣赏自己的人总是带着同样欣赏的目光去欣赏别人——只是欣赏，而不是崇拜或者羡慕。于是，他们很容易把别人的优点，变成自己的优点。

尽管人自己并不完美，但这个世界本身就不完美。人必须学会自我欣赏、自我品评，学会在无人喝彩的时候能照样前行，而且行得更好。欣赏自己，你要活出生命的荣耀，让独一无二的自己，闪亮起来。

做一个自信的强者

人，最大的敌人是自己，只要相信自己能行，你就是成功者。自信的人，无论遇到多少艰难险阻，都会以积极乐观的态度去面对；自信的人，无论遇到多么强悍的对手，都会以毫不退缩的勇气去战胜他。只要是自己喜欢的事情，就一定要坚持做下去，相信总有一天你会得到你想要的样子，活成你想要的样子。

拿破仑·希尔（Napoleon Hill）是美国著名的成功学家，他在人际学、创造学、成功学等领域为后人开了先河，是著名的励志大师。希尔很注意自信心的培养。他经多年研究，从自己的书中归纳出的最有价值、最具规律性的 17 条定律中就有一条是建立自信心。

希尔曾做过一个有名的试验，他问一群学生："你们有多少人觉得人能够在 30 年内废除所有的监狱？"学生们觉得不可思议，以为他在开玩笑，于是说："那是不可能的，人正常的生活会受到威胁。""有些人生来就坏是改不好的。""监狱可能还不够用呢！""天天都有犯罪案出现！"……

希尔说："你们说了很多不能废除的原因。现在，我们假设可以废除监狱，假设可以，我们该怎么做？"大家勉强把它当成试验来思考："成立更多的青少年活动中心。""首先消除贫穷，因为低收入阶层的犯罪率最高。""积极预防犯罪，疏导具有犯罪倾向的人。"最后，大家总共提出了 78 种设想。

这个试验说明：当你认为某件事情不可能实现时，你的大脑就会为做不到找出种种理由。但是，当你相信某一件事确实能够做到时，你的大脑就会帮你找出各种能做到的方法。

由此可见，如果人能够用一种积极的心态面对生活、坚定信心，就会品尝到成功的喜悦；如果用一种消极的心态去面对生活，浅尝辄止，将永远看不到成功的希望。世界上虽然不乏出类拔萃之人，有的还是天才，但绝大多数都是普通人，他们能做出成绩的原因只是所下的决心更大，所做的工作更加刻苦，或者对自己的责任和挑战思考得更多。

人不能因为自己接受的教育仅仅是中学教育就失去信心，怀疑自己做不到，有许多从没有机会念大学的成功者的故事可以证明，这种顾虑是不必要的；不要因为自己长得不吸引人而否定自己。人要对自己有信心，相信失败是暂时的。每个成功的人都经历过失败，这种失败的经历并没有打击他们的信心，却使他们积累了丰富的经验，给他们提供了前进的动力。相信自己能做到。这是一种信念，正因为有了这样的信念，人才对各种失败的可能不管不顾，才会坚定自己摇摆不定的心灵，并坚持到底，从而迈入成功。

在 1954 年之前，世界上从来没有人能在 4 分钟之内跑完 1 英里。可是有一个美国运动员班尼斯却相信自己能做到，于是他每天早上对自己说上一百遍："我一定能在 4 分钟内跑完 1 英里，我一定能实现自己的梦想，我一定能成功。"然后开始一天的训练。他虽然在开始的时候面临一次次的失败，但没有放弃，坚定不移的信念支撑着他。一年之后，在 1954 年，他以 3 分 56 秒 6 的成绩打破了这一世界纪录，他成功了。我们不禁要问，班尼斯为什么能获得成功？那是因为他坚信自己能够成功。

有意思的是，在班尼斯打破纪录后一年内，又有 30 多人打破了这一纪录，在之后两年内，又有 200 多人打破了这一纪录，可是他们却不能像班尼斯那样被载入世界运动的史册。因为在其他人都认为不可能的时候，只有班尼斯相信自己能做到，所以他获得了成功。

任何人向着成功进发的路，多少都会有些崎岖，都要为成功付出代价，这代价就是失败。如果你对自己没有信心，不敢相信自己能够做到，那就注定是一个失败者。而且是一种做人的失败。人与人之间的差距不会有多远，远的是人与人之间的观念。成功的人往往只是因为他们给了自己一个必胜的信念，并且在关键时刻能够放弃摇摆，坚定不移。

任何人都应该在面对自己的时候，相信自己可以做到自己想做到的事，成为自己想成为的那个人。人不要被习惯所累，不要被惰性牵绊，不要因为各种理由、各种借口摇摆不定、犹疑不决，相信自己完全有这个能力。每个人不可能在各方面都非常优秀，在某方面每个人都或多或少的会存在一定的缺陷，就是那些伟人也毫不例外。拿破仑的矮小、林肯的丑陋、罗斯福的小儿麻痹、丘吉尔的臃肿，都是他们无法避免的缺陷，但这些丝毫没有妨碍他们的成功，只是因为他们相信自己能够成功。

任何人都回避不了现实的重重困难，事业、爱情没有永远的一帆风顺，家庭、学业没有真正的心想事成。但是，只要你不去推诿，不胆怯，保持信心满满，保持良好的心态和旺盛的精力，努力地奋进，就一定会知道“发光并非太阳的专利，你也可以发光”。相信自己能做到是一个人内心最真实、有力的感觉。当有了一次成功，你就能在增加自己信心的同时，有了让自己再次成功的渴望，也就会成就自己的一生。

自信让你战胜一切

一些喜欢抱怨的人，大多数都对自己没有信心，因为觉得自己没有能力改变，所以抱怨成了他们的一种发泄方式。其实，这是一个“自相矛盾”的寓言，在你抱怨的同时，也把自己的缺点最大限度地暴露了出来。人不要把最没用的事情当成捍卫自己的盾牌，而是要建立自信，从解决问题的本质入手。

每个人都或多或少地有点不自信，因此，当有人问你：你是优秀的人吗？也许在那些表现突出的人群中会有少数人作出肯定的回答。如果再继续问：你是最优秀的人吗？这时能够作出肯定回答的，认为自己是“最优秀的人”者怕已是寥寥无几了。

人生往往会遭到很多困扰与烦恼，但不应该牢骚满腹。纵观古今中外的成功人士，很少是牢骚满腹、怨气连天。没有抱怨，是因为他们对自己充满了自信。

大家都知道美国总统富兰克林·罗斯福是个残疾人，但他的自信却是被世人共知的。自信在罗斯福一生的成长和事业中起到了重要作用。他 39 岁时患上脊髓灰质炎（俗称小儿麻痹症），但他没有抱怨命运的不公，而是凭着顽强的毅力积极配合治疗，终得幸免于全身瘫痪；并且拄着双拐出现在 1932 年总统竞选的讲坛上，成为美国历史上唯一一位身罹残疾的总统。在他第一次就职演说中，针对当时美国社会的经济“大萧条”情景说：“首先让人表明自己的坚定信念：唯一值得恐惧的东西就是不可名状的、未经思考、毫无根据的恐惧，转退为进所需的努力陷于瘫痪的恐惧。”

1962 年，美国历史学会组织美历史学家投票，选出了五位最伟大的总统，富兰克林·德拉诺·罗斯福排名第三，仅次于亚伯拉罕·林肯和乔治·华盛顿，成为美国历史上唯一一位连任四届、主持白宫时间最长的总统。罗斯福被公认为是世界历史上能够扭转乾坤的巨人之一。关于他的国内政绩，关于他在世界历史上曾经发挥的作用，另一位伟人温斯顿·丘吉尔做出了很高评价：罗斯福是对世界历史影响最大的一位美国人。

纵观罗斯福一生，他虽然身罹残疾，但他从不抱怨，如果他像别人一样埋怨，姑且不说成功，像一个健全的人一样独立生活也很困难。是从不埋怨，是自信成就了他的伟大。

海伦·凯勒说过：“信心是一种心境，有信心的人不会在转瞬间就消沉沮丧。”实际上，在那许多犹豫不决的甚至是作出否定回答的人群当中，许多人其实在某个范围来说确实还是最优秀的，只是他们不敢相信自己，对自己缺乏信心，这才是最主要的原因。

美国著名成功学家拿破仑·希尔鼓励人们建立自信，他说，一个人在做事之前，可以大喊 50 遍“我成功，因为我自信”，这样就可以获得动力。同样，欲成大事者面对挫折也要有这种观念和方法。

有一个墨西哥女人和丈夫、孩子一起移民美国，当他们抵达德州边界艾尔巴索城的时候，她的丈夫却不告而别，离她而去，留下她束手无策地面对两个嗷嗷待哺的孩子。22 岁的她带着孩子，饥寒交迫。就在那一刻，她告诉自己：我没有抱怨的时间和精力，我必须要把自己和孩子照顾得很好。

虽然口袋里只剩下几块钱，她还是毅然买下车票前往加州，在一家墨西哥餐馆里打工，从大半夜做到早晨 6 点钟，收入只有区区几块钱。然而她省吃俭用，努力储蓄，她要将每一分钱都存下来。去实现自己的梦想——自己开一家墨西哥小吃店，专卖墨西哥肉饼。

有一天，她拿着辛苦攒下来的一笔钱，跑到银行向经理申请贷款，她说：“我想买下一间店铺，经营墨西哥小吃。如果你肯借给我几千块钱，那么我的愿望就能够实现。”一个陌生的外地女人，没有财产抵押，没有担保人。她自己也不知能否成功。但是幸运的是，银行家佩服她的自信和胆识，决定冒险资助她。

她 25 岁起就开始经营自己的墨西哥肉饼，经过 15 年的努力，这间小吃店拓展为全美最大的墨西哥食品批发店。这个女人就是拉梦娜·巴努宜洛斯，她后来担任过美国财政部长。

拉梦娜·巴努宜洛斯，这个坚强的女人成功了，她让人震撼的精神就是从不抱怨，丈夫莫名地离开了她和孩子，她没有埋怨；一个人带着孩子辛苦地生活，它没有埋怨；想自己独立经营没有资金，她还是没有埋怨。她用坚强、自信还有努力代替了埋怨，所以，成功才会青睐她。

每个经历挫折后取得成功的强者都有一个共同的体会，那就是不要老埋怨一切，应该建立自信，只要相信自己，即使追求的目标如移山倒海，也终有成功的一天。卡耐基说，自信才能成功。信心是一种最坚强的内在力量，它能够帮助你度过最艰难困苦的时期，直到曙光最终出现。信心从未令人失望，他会使人发现自身的价值和潜能，取得成功。

自信与胆量密切相关，自信可以生出胆量，同样，胆量也可以生出自信，自信给予强者勇气、力量和智慧，敢于做别人不敢做甚至不敢想的事，诸如：自信可以使一个丑女成为人人羡慕的王后。

战国时期的钟离春，是我国历史上有名的丑女。她额头前凸、双眼下凹、鼻孔向上翻翘、头颅宽大、头发稀少、皮肤黑红。她虽然模样难看，但志向远大，知识渊博。当时执政的齐宣王政治腐败、国事昏暗、性情暴躁、喜欢吹捧。

钟离春为了拯救国家，冒着杀头的危险，当面一条条地陈述齐宣王的劣迹，并指出若再不悬崖勒马就有亡国的危险。齐宣王听后大为震惊，把钟离春看成是自己的一面宝镜。他认为有贤妻辅佐，自己的事业才会蒸蒸日上，正所谓“妻贤夫才贵”。这个身边美女如云的国王，竟把钟离春封为王后。

东汉时的孟光也是个“困难”的女人。她长得又黑又胖，模样极丑，父母已做好嫁不出去的准备。可仍有媒人替孟光与一丑男搭桥，孟光说：“非梁鸿不嫁。”

梁鸿是当时有名的大文人，不少美女想嫁给梁鸿遭拒绝后都得了相思病。而孟光对媒人说出的这番话一时传为笑料，人们讥笑她是“癞蛤蟆想吃天鹅肉”。不久，梁鸿知道了孟光的事，没有和别人一样嘲笑孟光。他很钦佩孟光的人品和学识，相信她不是攀龙附凤之人，毅然决定娶孟光为妻。后来梁鸿落魄到异地当佣工，孟光毫无怨言地随同前往，患难与共，白头偕老。

钟离春、孟光她们虽然很丑，但她们并没有埋怨老天对自己的不公平，而是勤奋好学，自信勇敢，用智慧美、品德美取代了相貌丑。

“金无足赤，人无完人”，人每个人都不是十全十美的，无论是在生理上还是心理上都有着或多或少的缺陷和不足，但是能否敢于正视自己的缺陷和不足，而不是被它所削弱，却是强者和弱者的区别。强者敢于正视自己的不足和缺陷，不因此而自卑，相信自己一定能成功，而弱者恰恰相反。因此，人必须要敢于正视自己，并对自己充满信心。

俄国作家契诃夫说得好：“有大狗，也有小狗。小狗不该因为大狗的存在而心慌意乱。”所有的狗都应当叫，就让它们各自用自己的声音叫好了，不要因为有了大狗的存在，小狗就不自信，就开始埋怨上天不公。所以，我们切不可看了《红楼梦》，就停止了在文坛上的努力；或看了马拉多纳踢球，便放弃了绿茵场上的梦想；或听过帕瓦罗蒂的歌声，便扼杀自己的音乐天分。如果总担心自己比不上别人，那么世界上也就从来不会出现帕瓦罗蒂、马拉多纳这样的人物了。

做人要圆滑些

做人是一门大学问，做什么样的人和怎样做人是摆在每个人面前的大课题。一个人不管有多聪明，多能干，背景条件有多好，如果不懂得如何做人、做事，那么他最终将会陷入失败的境地。做人做事是一门艺术，更是一门学问。

从社会交往能力和适应力的角度看，为人适当圆滑是具有良好的社会交往能力的体现。这样的人往往对所处的环境和他人的感受有着极其敏锐的判断，会根据当时的处境说出在当时最该说的话，做出在当时最该做的事。这种人通常在各个方面都适应得比较好，能够很快投入到一个全新的人际环境当中。

但是，人与人之间的交往说到底还是需要心与心之间的交流的。所以，人在处事圆滑的同时，一定要记住一个原则：为人诚实，诚信为本。试想，与一个不但在处事上圆滑，而且在为人上也虚伪的人长期交往，怎么能让人感觉放心呢？这种人怎么能交得到真正的朋友呢？

圆滑，是一种处世哲学，虽不高深，却并非人人皆可悟其精义，得其要领。因为处世圆滑不但需要阅历与智慧，更需要一种做人的原则。这就是识人心理学告诉人的做人之道：原则为人，圆滑处事。

当然，原则为人并不是抛开做事的圆滑方式，而圆滑处事也不是抛开做人的原则，这两个对成功做人缺一不可，不能只取其中的任何一个方面，那样只能使自己偏执一方，而走向两个极端。中国人的做人一向讲究中庸，原则为人同时又能圆滑处事正是这种中庸做人的智慧体现。做人要有自己的原则；不能一味地圆滑，圆滑处事要以原则做人为辅助，或者说二者是同时并存的做人艺术。

德意志的布洛亲王就是在危急时候用圆滑的处事方法解救了自己。1909 年，当时的德国在整个欧洲大陆堪称后起之秀，虽然不能与老牌强国英国和法国相提并论，但它的实力绝不允许任何一个国家小瞧它。威廉二世作为一国之君，极其傲慢，经常口无遮拦。

布洛亲王为人谦虚和善、风度优雅，深得德国人民的爱戴。同时他也对威廉二世的所作所为极为不满，认为他不能算是一位贤明的君主。所以，当威廉二世向他提出一些荒谬的建议时，他再也无法忍受了，极力控制着自己的情绪，对威廉二世说："陛下，这对我来说几乎不可能。全德国和英国没有人会相信我有能力建议陛下说出这些话。况且，一个人总要为他所做的一切承担责任，不是吗？"

布洛亲王的话刚一出口，就意识到自己犯了一个大错误，他想改口已经来不及了。

"住口！"威廉二世听到布洛亲王这样对自己讲话，大为恼火，他咆哮道，"你认为我是一个蠢人吗？难道你自己就没有犯过错误吗？你胆敢蔑视国王！"

布洛亲王知道自己刚才讲话的方式欠妥，但已经太迟了，话已出口，想收也来不及了。他只好改变策略，十分诚恳地对威廉二世说："我绝对没有这个意思，陛下在许多方面都胜我很多，尤其是在自然科学方面。在陛下解释晴雨计或是无线电报，或是伦琴放射线的时候，我经常是注意倾听的。而且内心十分佩服陛下，同时对自己十分惭愧，因为我对自然科学的每一门都茫然无知，对物理和化学毫无概念，甚至连解释最简单的自然现象的能力都没有。"

布洛亲王继续说："但是为了补偿这方面的缺点，我学习了某些历史知识以及一些可能在政治上，特别是对外交上有帮助的知识。"

当威廉二世听到这里时，脸上终于露出了微笑，他说："我不是经常告诉你，两人互补长短，就可以闻名于世吗？我们应该团结在一起，应该如此。”接着，他十分激动地握住布洛亲王的双手继续说：“如果任何一个人敢对我说你布洛亲王的坏话，我就一拳打在他的鼻子上。”

布洛亲王用圆滑的处事方式解救了自己，但是又保持着自己的谦和有礼的做人原则，不但没有得罪威廉二世，反而在没有丧失自己做人原则的情况下得到了威廉二世的赞许，这可以说是原则做人，圆滑处事的极好范例。

做个圆滑的老实人，就是要做个处事灵活而心态成熟的人。就是要在人际交往中保持适度的弹性，把握说话的分寸，学会婉转和含糊，以保持平衡的人际关系，重视生活中的应酬，通过一些生活和工作的细节树立好的人缘，同时要与朋友进行真正有价值的交往，在日常生活中建立起深厚的友情。

在工作当中，你对不同类型的同事应采取不同的策略，还要让你的顶头上司了解和喜欢你，与上级保持良好的人际关系，以便于更好地开展工作。面对想要做的事，则既要坚持做人的原则，又要会灵活变通，要学会保护自己的利益，明智地推脱掉与自己不相干的事。而且一定要为人善良，避免伤害到别人。人生在世，做人是第一大事。怎样做人，做一个什么样的人，关系到一个人的立身处世，生存发展，事业成败和家庭幸福，更关系到社会的安定和谐。

每个人的生活环境不同，文化层次不同，因而所追求的目标和理想也不尽相同。但是，在内心深处，每个人都会有自己不同程度的做人原则。做人不能没有原则，没有了做人的原则，也就没有了衡量对与错的尺度。如果自己都不知道哪些事该做，哪些事不该做，那么，就很容易走入歧途。

社会在不断发展，观念在不断更新，需求也在发生着不同程度的变化。因此在新时代，人做人的心理学也要随着变化着的社会而不断调整，既要保持做人的原则，也要有圆滑的处事方式。

固执易让人偏激

固执，几乎是所有人共有的心理特征。其实固执的本意是“择善而固执”，是坚持原则，坚持不懈，是“诚”的表现。虽然固执己见有时让人觉得你很有个性，但更多时候给人的感觉是顽固不化。太固执的人总是自以为是，他们总是很轻易地得出一个结论后，就认定是最终真理，别人如果有不同看法，就肯定是他哪里出问题了。太固执的人也很容易轻视别人，否定别人，常常刚愎自用。

固执分两种，一种是还未认识到自己不对，另外一种则是明知自己不对，但是拒不认错。前者造成的失误或者失败情有可原，但如果是后者，人就不能继续欺骗自己和别人，要勇敢地面对过失，改正人的过去。人生很多的挫折与失利，都是过分固执造成的。做人谁都难免有这样或那样的缺点和错误，“人非圣贤，孰能无过”，“国王永远不会犯错”只不过是英国人的幽默。

有了错误，要及时纠正自己，亡羊补牢，为时不晚。否则，认识不到自己的错误，或者明明知道自己错了，但是碍于面子不愿承认，打肿脸充胖子，就会陷到固执的泥泞之中。要知道生活中值得人追求的东西很多。如果一味纠缠在那些毫无意义、毫无结果的东西上，拼命地追求本该放弃的，而本该苦苦追求的却毫不吝啬地放弃，到头来肯定是竹篮打水一场空。

如果说执着是一种精神，那么放弃更是一种勇气和境界。得不到的或不该得到的，就该果断放弃。生命匆匆，有限的人生，不允许人四面出击分散自己的时间和精力，在大好的时光中忙忙碌碌、终无所成。

做人要学会变通，不能把事做得太绝。考虑事情要全面，不要只抓住一点不放。除非你想和自己“较劲儿”。就像一个善于棋道的棋手一样，当你走出第一步棋之后，还要想到第二步、第三步该如何走。

三国名将关羽之所以最后败走麦城，被俘身亡，最大的一个原因就是其过于固执偏激，刚愎自用在复杂的现实生活中，如果笼统地事事固执，那么就会走向它的反面。聪明的人做事懂得变通，所以能够进退自如。要想成为一个聪明人，就要学会分清形势，权宜机变，不能墨守成规，固执己见。坚持是一种很好的品性，但在有些事上，过度的坚持，会导致最大的失败。

两个贫苦的樵夫靠上山捡柴养家糊口，有一天他们在山里发现两大包棉花，棉花价格高过柴薪数倍，将这两包棉花卖掉，足以供家人一个月的衣食。当下两人各自背了一包棉花，赶路回家。

走着走着，其中一个看到山路上扔着一大捆布，走近细看，竟是上等的细麻布，足足有十多匹。他欣喜之余，和同伴商议要一同放下背负的棉花，改背麻布回家。

他的同伴却不同意，认为自己已经背着棉花走了一大段路，到了这里才丢下棉花，岂不枉费自己之前的辛苦，坚持不愿换麻布。发现麻布的樵夫只得一个人尽力背起麻布，继续前进。

又走了一段路后，背麻布的樵夫望见林中闪闪发光，走近一看，地上竟然散落着数坛黄金，心想这下真的发大财了，赶紧邀同伴放下肩头的麻布及棉花，改用挑柴的扁担挑黄金。他同伴仍然不愿丢下棉花，理由还是以免枉费辛苦，并且疑心那些黄金不是真的，劝他不要白费力气，免得到头来一场空欢喜。

发现黄金的樵夫只好自己挑了两坛黄金，和背棉花的伙伴赶路回家。走到山下时突然下了一场大雨，两人被淋了个湿透。更不幸的是，背棉花的樵夫背着的大包棉花，吸饱了雨水，再也背不起来了。不得已，那樵夫只能丢下一路辛苦舍不得放弃的棉花，两手空空地和挑金的同伴回家去了。

聪明人与傻子的区别在于，聪明人懂得变通，懂得何时该坚持，何时该放弃，何时应改变。而傻子却只懂得顽固的坚持，一成不变的固守。如果目标正确，方法对头，这种顽固倒应该获得世人的认同甚至赞美。现实生活中“傻人有傻福”这句话，更多的是一句善意的安慰、一种自欺的借口。人们更赏识的话是“识时务者为俊杰”。

过分地执着就是固执，固执不是坚忍，而是愚蠢。在很多时候，人都要学会放弃固执，变通行事。有两个和尚要从一座庙走到另一座庙。他们走了一段路后，遇到了一条河，河上的桥被暴雨冲走了，但河水已退，他们可以涉水而过。

这时，一位美丽的妇人也走到河边，她说有急事必须要过河，但她怕被河水冲走。第一个和尚立刻背起妇人涉水过河，把她安全送到对岸。第二个和尚接着顺利渡河。两个和尚走了好几里路。

第二个和尚忽然对第一个和尚说：“人和尚是绝对不能接近女色的，刚才你为何犯戒背那妇人过河呢？”

和尚淡淡地回答：“普度众生，不分男女老少。”

故事中的第一个和尚就是一个懂得变通的人，虽然有清规戒律，但遇到该变通的时候，放弃清规戒律，选择变通才是真正的明智。

一个机智的人善于灵活运用他所知的一切事物，还能巧妙地运用他并不了解的事物。能在恰当的时间内把应做的事情处理好，这不只是机智，也可称之为艺术。梁启超说：“变则通，通则久。”知变与应变的能力是一个人的素质问题，同时也是现代社会办事能力高下的一个很重要的考察标准。有许多满怀雄心壮志的人毅力很坚强，但是由于只会埋头苦干，依章照法，不知变通，因而无法成功。所以，如果感到行不通的话，就要积极地尝试另一种方式。下面两个建议一旦和你的毅力相结合，你期望的结果便更易于获得。

1. 不要局限于自己的偏好，告诉自己“总会有别的办法可以办到”。

2. 先抛开常规思维，然后再重新开始。如果钻进牛角尖而不能自拔，就不会看出新的解决方法。

做人是一种平衡的艺术，不可恃才傲物，目中无人。既要左顾右盼，照顾到方方面面的利益，又要瞻前顾后，考虑到事情的前因后果。不能只是直线思考，更不能一条路走到黑。人的思维是跳跃的，不是一成不变的。因此办事时要适时地变通，随时检查自己的选择是否有偏差，合理地调整目标，放弃毫无意义的固执，这样才能更好地办成事情。

该转弯时就转弯

在生活中，一个人往往因失败而改变命运，所以当人在接近失败的路口，感觉目标行不通时，就该告诉自己：该转弯了。人如果学会在生活中历练出一颗敏锐而豁达的心，懂得智慧地转弯，便能时时变挫折为转折，化危机为转机，走出一条属于自己的斑斓人生路。学会转弯，是一种大智大慧，一种灵活机动，一种洒脱的放弃。

人们常常钦佩坚持不懈的人，认为坚持就是胜利。不坚持一定不会成功，但是坚持就一定能成功吗？马嘉鱼是一种肉鲜味美、外形漂亮的海鱼。它有银色的皮肤，燕尾，大眼睛，平时生活在深海中，春夏之交随着海潮游到浅海逆流产卵。

渔人捕捉马嘉鱼的方法很简单：用一个孔目粗疏的竹帘，下端系上铁浮放在水里，由两只小艇拖着，拦截鱼群。马嘉鱼的“个性”特别强，不喜欢转弯，即使闯入罗网之中也不会停止，因此一条条“前赴后继”地陷入竹帘孔中，孔收缩得越紧，马嘉鱼就愈被激怒，瞪起眼睛，更加拼命往前冲，结果被牢牢卡死，为渔人所获。

生活中，人经常会看到有很多人一方面抱怨人生的路越走越窄，没有成功的希望，另一方面又不思改变、因循守旧，习惯在老路上继续走下去。这难道不是马嘉鱼的生存方式吗？

实际上，当你失败时，未必非要做无谓的坚持，调整一下目标，改换一下思路，这样往往会豁然开朗，柳暗花明。也就是说，当不幸降临的时候，并不是路已经到了尽头，而是在提醒你：该转弯了。

克里斯朵夫·李维因主演美国大片《超人》而蜚声国际影坛。但是1995年5月，他在一场激烈的马术比赛中不幸坠马，成了高位截瘫者。当他从昏迷中苏醒过来后对家人说的第一句话是："让我早点解脱吧。"出院后，为了让他散散心，舒缓肉体和精神上的伤痛，妻子常常用轮椅推着他外出旅行。

有一次，汽车穿行在蜿蜒崎岖的盘山公路上，克里斯朵夫·李维静静地望着窗外，他发现，当车子即将行驶到无路的时候，路边都会出现一块交通指示牌："前面转弯！"或"注意！急转弯！"而转弯之后，前方又豁然开朗。山路弯弯，峰回路转，"前面转弯"几个大字一次次冲击着他的眼球。他恍然大悟：原来，不是路已到尽头，而是该转弯了。他对着妻子大喊："我要回去，我还有路要走。"

从此，他以轮椅代步，当起了导演。他首次执导影片就获得了金球奖。他用牙咬着笔，开始艰辛的写作。他的第一部书《依然是我》一问世，就进入了畅销书排行榜。同时，他创立了一所瘫痪病人教育资源中心，并且四处奔走为残疾人的福利事业筹款。

美国《时代周刊》曾以《十年来，他依然是超人》为题报道了克里斯朵夫·李维的事迹。李维在文章中回顾他的心路历程时说："原来，不幸降临时，并不是路已到尽头，而是在提醒你该转弯了。"

是啊！人的一生中难免会遇到或大或小的挫折与不幸，为什么有的人消沉？有的人顽强？关键在于当路已到尽头或自觉无路可走时，你是否学会了转弯。

转弯并不是逃避。有的人做一件事情失败了，就转去做别的，就会有人说他没有毅力。其实天生我材必有用，东边不亮西边亮。失败并不可怕，可怕的是你继续失败。转弯是为了寻找更好的道路而走向成功。一个人可以选择自己的理想，可以选择自己的人生方向，但对于遭遇却是无法选择、无法预料的。遇到挫折要学会转弯，转过这个弯，人生更有别样风景。

也许在转弯前，你只能看到悬崖绝壁，看到路在自己脚下断裂，你甚至有如临无底深渊般的绝望。但请不要惊慌，路虽在脚下更在心中，只要心中有路，就会路随心转，心路相连。学会转弯是人生一大智慧，挫折往往就是转折，危机同时也是转机。相反，如果路到尽头，你还不愿转弯，最后只能一败涂地、人财两失。

亨利和麦克在报纸上发现了一则将清水变成汽油的广告，他们喜出望外，马上开始了夜以继日的研究。通过连续两个月的辛勤努力，他们一无所获，亨利通过这些天的学习发现将水变成汽油是一件绝不可能的事情，便毅然放弃了，转而去经商。而麦克仍然认为，只要坚持就能成功，因此他没有听从劝告，继续研究。几年后，亨利成为一个颇有名气的企业家，而麦克早已一贫如洗，神志也不清醒了。

麦克如果能像亨利一样能进能退，知晓变通，就不会搞得两手空空，一贫如洗了。都是固执惹的祸。诺贝尔奖得主莱纳斯·波林说："一个好的研究者知道应该发挥哪些构想，而哪些构想应该丢弃，否则，就会浪费很多时间在无谓的构想上。"

有些事情，就算你做了很大的努力，并为之坚持不懈、苦苦劳作，但最终你还是会发现你走的是一条死胡同，一堵南墙。这时，就需要你及时退出来，重新研究，再寻对策。

不论何时，都不要以一成不变的眼光看待问题，当你走到末路的时候，就要改变原有的思维，思路拐个弯，寻找其他的路。

条条大路通罗马，一条不行，还有第二条、第三条……不要一成不变，死死板板。不回头是指信念与精神的执着，如果你做事撞了南墙，撞得一塌糊涂，不回头可就不可救药了。

人生的危机与转机，往往只在一念之间。撞了南墙之后，只要愿意静下心来重新找到自己奋斗的方向，心境转变的同时，人生的成功机会就可能出现在身边。

当路不好走或预料到这条路势必进入死胡同时，就应及时悬崖勒马，寻找一条新的出路。

放弃需要勇气

在生活中，人总会面临到这样的问题，只有选择和放弃，而别无他法。当然，取得完全可以理直气壮，当需要放弃时也应该决绝，这时就需要人的勇气，有决绝放弃的勇气。所以，若想把生命之舟驾驭好，每个人都面临着一个永恒的课题：勇敢地面对放弃！

现实生活中，很多时候都需要人有一种放弃的勇气。在物欲横流、灯红酒绿的今天，每个人面对的诱惑实在太多，特别是那些手握财富的人，可谓“得来全不费工夫”。这些人就需要保持清醒的头脑，勇于放弃。如果死死抓住想要的东西不放，甚至贪得无厌，迟早会带来无尽的压力，甚至毁灭自己。

俄国作家托尔斯泰写过一则短篇故事：有个农夫，每天辛勤地耕种一小片贫瘠的土地，收成很少。一位天使可怜农夫的境遇，就对他说，只要他能不断往前跑，他跑过的所有土地，不管多大，全部归他。

于是，农夫兴奋地向前跑，一直不停地跑。跑累了，想停下来休息，然而，一想到家里的妻子和儿女，都需要更大的土地来耕作、来赚钱啊！所以，他又拼命地再往前跑！真的累了，农夫上气不接下气，实在跑不动了！可是，农夫又想到将来年纪大了会没人照顾，需要钱，就再打起精神奋力向前跑！最后，他终于体力不支，倒在地上，死了！

的确，人活在世上，必须努力奋斗，但是，当人为了自己、为了子女、为了有更好的生活而必须不断地“往前跑”、不断地“拼命赚钱”时，也应该清楚地知道该是“往回跑的时候了”。

赫赫有名的滑铁卢大战中，大雨造成的泥泞道路使炮兵不便移动。拿破仑不甘心放弃最拿手的炮兵，但是推迟时间，对方增援部队有可能先于自己的援军赶到，那样后果就会不堪设想。在踌躇之间，数小时过去了，对方援军赶到。

结果，战场的形势迅速发生变化，拿破仑遭到了惨痛的失败。拿破仑的失败足以证明：在人生紧要处，在决定前途和命运的关键时刻，人不能犹豫不决、徘徊彷徨，必须要明于决断，勇于放弃。

在人的学习和生活中，学会放弃同样重要。当你路过篮球场或足球场时，看到别人正尽兴比赛，听到那欢快的笑声时，能不为之一动吗？这时，人就需要选择：去燥热的教室里学习，还是在凉爽的绿茵球场上活动？斟酌损益，人的前途比短暂的欢乐更为重要。

学会并敢于放弃，不要为一点利益而斤斤计较。不要怕选择错误，因为错误常常是正确的先导。在生活中，人必须学会放弃，未来是未知的，眼前的一切，还来得及把握，还可以在无限中珍惜这些有限的事物。人生，也就在这种放弃与珍惜之中得到升华！

有时人拥有得太多太乱，人的心思太复杂，人的负荷太沉重，人的烦恼太无绪，人受到的诱惑太多，大大地妨碍人，无形却深刻地损害着人。

要想获得成功的人生，就不能让诱惑自己的东西太多，心灵里累积的烦恼太乱杂，努力的方向过于分叉。既要学会简化自己的人生，让生活简单而有规律，就要你经常地有所放弃；又要学会否定自己，把自己的生活中和内心里的一些东西断然抛弃掉。

如果人想要获取所有的权钱职位，什么风头利益都要去争，什么样的生活方式都让人眼花缭乱，什么朋友熟人都不愿得罪，这样人就会疲于应付，把很多时间和精力都花在无谓的纷争和无穷的耗费上。不仅使自己的正常发展受到限制，甚至会迷失自己前行的方向。

每一次抉择，都需要拾起勇气。用放弃作为武器，对围剿自己的藩篱进行一次突围，对消耗自己精力的事情做有力回击，对浪费你生命的敌人疯狂扫射。直面生活，直面放弃，这是你在更大范围去发展生存的前提。

敢于放弃，彻底清理捆绑自己的背包。把那些你舍不得带走的包袱丢掉，拿走拖累你的行李，这样，人才能轻轻松松地走自己的路，人生的旅行才会从此更加愉快，并在这个过程中行得更远，看得更高。

做个严谨的人

对任何事情都要有谨慎的态度，自古成难而毁易。古人云：“凡百事之成也必在敬之，其败也必在慢之，故敬胜怠则吉，怠胜敬则灭，计胜欲则从，欲胜计则凶。”意思是说，一切事情的成功在于谨慎，失败在于怠慢。

谨慎是一个人奉行的宗旨。《礼记》曾告诫人们“举大事必慎其终始”。实际上谨慎是一种对外界事物认识的一种理念，是和自己为人处世的涵养，是一种接受新事物的态度，是一种求发展的科学态度。保持谨慎，就是始终保持清醒头脑，谨言慎行。老子语重心长对我们说：“慎终如始，则无败事。”对于我们每个人来说，应该把谨慎作为一种高尚的人格修养来自觉追求，应该把谨慎作为一种良好的工作作风来自觉发扬，应该把谨慎作为一种重要的为人之道来自觉践行，只有“谨慎的人才能稳操胜券”。

洛克菲勒曾给西部一个炼油厂的经理写过一封信，严厉质问：“为什么你们提炼一加仑油要花 1 分 8 厘 2 毫，而另一个炼油厂却只需 9 厘？”这样的信还有：“上一个月你厂报告有 1119 个塞子，本月初送给你厂 10000 个。本月份你厂用去 9537 个，却报告现存 1012 个，其他 570 个塞子哪里去了？”这样的信据说洛克菲勒写过上千封。他就是这样从书面数字精确到毫、厘、个，分析出公司的生产经营情况和弊端所在，从而有效地经营着他的石油帝国。

从上面看，洛克菲勒似乎只是利用一些统计数字在进行管理和咨询，可如果他没有严谨认真的工作作风又怎能做到如此呢？洛克菲勒这种严谨认真的工作作风是在年轻时养成的。他 16 岁时初涉商海，是在一家商行当簿记员。他说："我从 16 岁开始参加工作就记收入支出账，记了一辈子，它是一个人能事先计划怎样用钱的最有效的途径。如果不这样做，钱多半会从你的指缝中流走。"

由此，我们可以看出：超乎寻常的严谨是成功的可靠保障。其实，在我国古代人们就很重视严谨的态度。

子曰："为命，裨谌草创之，世叔讨论之，行人子羽修饰，东里子产润色之。"翻译过来就是：孔子说："创制外交辞令，首先由裨谌起草它，然后由世叔研究和评论它，并提出意见，再交给外交官子羽对它进行修饰，最后让居住在东里的子产对它进行润色。"

孔子要求，创制一篇外交辞令，要经过大夫裨谌、大夫世叔、外交官子羽、国相子产四位高官之手，有拟稿的，有研究评论的，有对语法方面进行修饰的，有在修辞方面进行加工的。一而再，再而三，三而四地推敲，真可谓精雕细琢，足以反映出孔子为文和做事的严谨态度。

提起世界上最严谨的民族，人们一定会想到德国人。严于律己的德国人很讲究形式和准时，公私事宜必须事先约定时间并准时赴约。未经预先约定想与德国人会面，是很困难的事，如果因故需要推迟约会或取消约会的话，一定要打电话通知对方。否则，不仅失礼，也被认为是对其的莫大侮辱。

德国人非常讲究秩序。每人都有自己的"归属"，甚至连每一样东西也都有其"合适"的位置。外国人在德国旅游，第一个感觉是那里的一切都是井井有条。维持秩序的标志牌和禁令牌随处可见。德国人出现在公开场合以及与人交往时，讲究举止端庄，对人敬重适度，事事循规蹈矩。

在工作中，对于一些动脑筋和通过简单计算就能得出答案的问题，但不属于自己部门责任范围的，或者他认为自己不应该自作主张替别人拿主意的，德国人也会说自己不知道，他们总是能冷静地说出他们的意见，表现了他们思想的严谨。

对于一个人来说，智在于治大，慎在于小，一次深思熟虑，胜过百次草率行动，细微可不慎。恭为德首，慎乃行基。谨慎是不糊涂的基础。一个处事谨慎的人，必然是头脑清醒的人必然在大是大非面前不糊涂。

一天，巴甫洛夫的一位学生兴高采烈地来找巴甫洛夫，他说："亲爱的老师，经过长时间的实验，我可以证明动物在长期饥饿以后，仍然会有消化液流入空的消化道。"

"不大可能有这样的事。"巴甫洛夫断然回答。学生回去以后又一次进行深入研究，然后带着实验的数据记录和图像曲线来见老师。

"我还是觉得这令人难以置信，但我愿意亲自做实验检验一下。"巴甫洛夫摇摇头说，"当没有足够令人信服的证据的时候，我无法了解这种分泌的意义，在这种情况下，我绝对不会苟同别人的观点。"学生只得留下自己的实验结果。

为了检验这个固执学生的实验结果，巴甫洛夫在饥饿的狗面前，几乎一动不动地坐了一个昼夜。他对谁也没讲一句话，连饭都不吃一口。最后，他得到的数据和曲线终于证明学生的实验结果是正确的。

天亮的时候，这个学生又来了，巴甫洛夫兴奋地说："你是对的！我恭喜你！你果然发现了一个非常重要的现象，这一结论完全可以用到你的博士论文里。"

巴甫洛夫喜欢用实例，不用叙述来教人。他讲起课来不是枯燥无味地照本宣科和简单地灌输学说。他要求学生每个人都要学会用脑子思考，从事实和科学出发，而不要去相信那些不可靠的印象和臆测。巴甫洛夫认为："要学习做科学上的艰苦工作。要研究事实，对比事实，积累事实。鸟的翅膀无论怎样完善，如果没有空气的支持，它就永远飞不上去。事实就是科学家的空气。没有事实，你就永远无法飞动。没有它，你的'理论'就只不过是徒劳的空想。”

做一个谨慎的人，应该保持清醒的头脑。谨慎的人不糊涂，小事糊涂可以，但那不是真糊涂，而是装糊涂。小事不糊涂是为了能腾出精力来更好地开展工作；谨慎的人大事一定不能糊涂，要坚持原则，大事不糊涂是为了避免出大问题。要牢记一句古训："害人之心不可有，防人之心不可无。"这不是叫你不信任别人，而是让你对人也要留有余地，这样才不会因小人而收到伤害。

粗心大意最容易出问题

人不管是做人还是做事，都要注重细节，从小事做起。在环环相扣的工作过程中，一处似乎可有可无的细节，一件看起来微不足道的小事，或者一个毫不起眼的变化，往往可以决定工作的进展状况，甚至改变你的职业前途。

自古以来，“粗心大意”害死人。诸葛亮一生唯谨慎，才扶助刘备实现了建国的愿望；关云长大意失荆州，落得个败走麦城、身败名裂的下场。如果我在工作上马马虎虎、在创业中粗心大意，不但不会获得成功，甚至会毁掉已经取得的成就。只有摘掉“马大哈”的帽子，才会稳扎稳打、迈向成功。

如果人时刻对马虎、轻率的行为保持高度的警惕，并养成细心、严谨的工作态度，时间长了自然会形成细心、严谨的工作作风，并使它成为自己的良好习惯。而马虎、轻率是成功的无情敌人，因为它，人不可能在工作中做到精益求精、尽善尽美。

下面的案例就是因为在做事中粗心大意而导致整船人全体丧命的悲剧。当巴西海顺远洋运输公司派出的救援船到达出事地点时，“环大西洋”号海轮消失了，21 名船员不见了，海面上只有一个救生电台有节奏地发着求救的摩氏码。

救援人员看着平静的大海发呆，谁也想不明白在这个海况极好的地方到底发生了什么，从而导致这条最先进的船沉没。这时有人发现电台下面绑着一个密封的瓶子，打开瓶子，里面有一张纸条，21 种笔迹，上面这样写着：

一水理查德：3 月 21 日，我在奥克兰港私自买了一盏台灯，想给妻子写信时照明用。

二副瑟曼：我看见理查德拿着台灯回船，说了句“这个台灯底座轻，船晃时别让它倒下来。”但没有干涉。

三副帕蒂：3 月 21 日下午，船离港，我发现救生筏施放器有问题，就将救生筏绑在架子上。

二水戴维斯：离港检查时，发现水手区的闭门器损坏，用铁丝将门绑牢。

二管轮安特耳：我检查消防设施时，发现水手区的消防栓锈蚀，心想还有几天就到码头了，到时候再换。

船长麦凯姆：起航时，工作繁忙，没有看甲板部和轮机部的安全检查报告。

机匠丹尼尔：3 月 23 日上午，理查德和苏勒房间的消防探头连续报警。我和瓦尔特进去后，未发现火苗，判定探头误报警，拆掉交给惠特曼，要求换新的。

机匠瓦尔特：我就是瓦尔特。

大管轮惠特曼：我说正忙着，等一会儿拿给你们。

服务生斯科尼：3 月 23 日 13 点，到理查德房间找他，他不在，坐了一会儿，随手开了他的台灯。

大副克姆普：3 月 23 日 13 点半，带苏勒和罗伯特进行安全巡视，没有进理查德和苏勒的房间，说了句“你们的房间自己进去看看”。

一水苏勒：我笑了笑，也没有进房间，跟在克姆普后面。一水罗伯特：我也没有进房间，跟在苏勒后面。

机电长科恩 ：3 月 23 日 14 点，我发现跳闸了，因为这是以前也出现过的现象，没多想，就将闸合上，没有查明原因。

三管轮马辛：感到空气不好，先打电话到厨房，证明没有问题后，又让机舱打开通风阀。

大厨史若：我接马辛电话时，开玩笑说：“我们在这里能有什么问题？你还不来帮人做饭？”然后问乌苏拉：“我们这里都安全吧？”

二厨乌苏拉：我回答："我也感觉空气不好，但觉得人这里很安全。"就继续做饭。

机匠努波：我接到马辛电话后，打开了通风阀。

管事戴思蒙：14点半，我召集所有不在岗位的人到厨房帮忙做饭，晚上会餐。

医生莫里斯：我没有巡诊。

电工荷尔因：晚上我值班时跑进了餐厅。

最后是船长麦凯姆写的话：19点半发现火灾时，理查德和苏勒的房间已经烧穿，一切糟糕透了，我们没有办法控制火情，而且火越来越大，直到整条船上都是火。

我们每个人都犯了一点错误，但酿成了船毁人亡的大错。一个大的悲剧，只因21个人在本职工作中对21个小"细节"的疏忽。单纯地看，21个人每人只错了一点点，但却造成了"万劫不复"的严重后果。

对工作中的任何小事及细节，绝不能采取敷衍应付或轻视懈怠的态度，这样才能从根本上防止和避免危害和损失的产生。否则，如果始终不拘"小节"，不屑抓细节，只会因小"疵"而掩了大"玉"，毁了自己的声誉和前程不说，还会给国家和社会带来危害。

人们经常把做事不细致、不认真、不上心的人称为粗心大意的人。虽然人们都知道粗心不好，但生活与工作中粗心的人为数还不少。每个人都有粗心的时候，偶尔的粗心并不可怕，但如果养成习惯性的粗心，尤其是在工作、学习或者干事业的过程中，粗心大意最终可能导致一个人一事无成。粗心与细心相对，细心要比粗心困难，细心是对人的一些惰性和本能的克制，而粗心则是受制于人的本能和惰性，所以懒惰的人，意志力差的人往往比较粗心。

生活中粗心大意的人在工作中也不会是谨小慎微的。粗心大意是一个人的习气，很难改正，但是即使再难也必须要下决心彻底根除。如果你是一个想要做事成功的人，就必须改掉粗心大意的毛病，每一个不经意的粗心大意都是事情成功的大敌，这个敌人不除，成功根本无从谈起。粗心大意的人会让与你合作的人对你产生不信任，继而会远离你，成功就是这样地与你擦肩而过。

就像有些人所说的那样，如果有事情必须去做，那就积极投入地去做吧。要么不做，要么做好。不论你手边有何工作，都要尽心尽力去做。要知道事无大小、人应该不畏艰难、竭尽全力，推动着自己一步步走向成功。所以，如果你确实想干一番事业，那就做一个脚踏实地的人，将每一个细节做好、完成好每一个步骤，让自己的每项工作都无可挑剔，把成功牢牢地抓在手里。

总是拖拖拉拉，怎么才能进步

你在生活中有没有碰到以下尴尬的事情，本来工作上的事情需要在一定时间内完成，但你会想，明后天再说，到了明后天……这样一直拖到不能再拖了，才不得不着手去做，结果事情做得很不好，领导批评，自己烦恼。要你在一段时间里写一份材料或一篇论文，你会拖到最后几天才动手，结果写出来的东西非常糟糕，根本用不成。让你下学期讲一个教学专题，你会想还早得很，一拖再拖，临近讲课了才去准备，结果讲课效果很差。生活中遇到一点麻烦，你会无意识地回避，不主动去解决，直到小麻烦变成大问题，难以解决。类似情形，在人的生活工作中有很多，它们的共同点是：结果都很糟糕，让你变得很尴尬。

赵新一直有一个毛病，办事情总是拖拖拉拉，不仅在生活上是这样，在工作上也不例外。例如，在工作中赵新常常积压一大堆来信。如果第一封信中涉及一个棘手的问题，赵新就把它搁置一旁，找一封容易答复的信去处理。就这样，没多久的时间，赵新手头那些没有回复的信已经堆了好几包了。可是在赵新眼里这是没办法的事，他感觉无法改变。

对此，曾有人告诉过他："不要以为拖拖拉拉的习惯是无伤大局的，它是个能使你的抱负落空、破坏你的幸福、甚至夺去你生命的恶棍。"

是的，或许在赵新看来这不是大事，或者也无心改变，但是人却不能把这种习惯当成是一种独有的个性，也不要觉得自己是改变不了这种现状的。其实，拖延对人来说是一个非常严重的坏习惯，正如别的所有的习惯一样，它也同样可以被克服掉。所以，你不应当回避那些棘手的信，应当首先处理它们。你因此而得到的鼓舞会使剩余的任务迎刃而解的。

后来，赵新听从了大家的意见，也认识到了事情的严重性，他决心改掉这个毛病，直到彻底战胜它为止。赵新不断向身边的人学习，他自己也掌握了一个原则：如果有一件事情要做，立即就干。最后，赵新终于成功地改掉了拖拉的恶习。

拖延让人的惰性越来越强，拖延让人的借口越来越多，拖延让人成事越来越少。总之，拖延就是潘多拉的魔盒，一旦打开，就会把人推向无底深渊。如果你还想做一个有上进心的人，如果你不想蹉跎你的人生，那么就不要为自己的拖拖拉拉找借口了。

乔丹和梁兴是大学同学，关系比较好，于是毕业之后他们去了同一家公司面试，幸运的是都被该公司录取了。因为刚毕业没什么经验，所以一开始，公司给他们开出的薪水都很低。面对低薪，乔丹愤愤不平。于是在平时的工作中乔丹总是埋怨、推卸责任，还利用工作时间和同事闲聊，把工作丢到一旁毫无顾忌。渐渐地，乔丹做事变得拖拉起来，效率低下。要他星期一早上交的方案，到星期二早上依然未做完。经理批评他，他就带着情绪工作，把方案做得一塌糊涂。再后来，乔丹接到工作任务时，不是考虑如何把工作做好，而是一开始就在想如何开脱、推卸责任。

梁兴则不同，他虽然对底薪也感到不满，但他并未一味地去抱怨、闹情绪。在梁兴看来，机会来自于汗水，一分耕耘一分收获，只有今天的努力，才能换来明天的收获。梁兴懂得多利用时间学习，他经常在车间走动，熟悉制作工艺、学习产品生产流程，即使汗流浃背，也一丝不苟。长时间下来，梁兴的负责、勤奋、好学引起了厂长的注意。不久，梁兴就被提拔为厂长助理。而乔丹因为对工作总是一拖再拖，最后被公司解雇了。

担任助理一职后，梁兴依然积极主动，认真负责地处理厂里的每一项事务，分内的、简单的事，他总是第一时间完成；重要的、紧急的、需要领导决策的事情，他会及时向厂长汇报，并督促各部门坚持及时把工作做好，做到位。在梁兴的组织管理和协调下，公司的生产效率得到了极大的提高。

工作中很多人喜欢拖拖拉拉，好像自己赚了便宜一般。他们觉得这是一种明智之举，这样做不但会使自己的工作变得轻松，而且所得到的报酬也不会因此而减少，那么又何乐而不为呢？可是他们却没有发现，他们已经把自己推到了懒惰、平庸、枯燥、失败的边缘。

遇事要即刻去做，不仅提高你的办事效率，也是一种良好的生活习惯，更能体现出一个人对生命的尊重。人会因为拖延而做的事情越来越少，自己也会变得无所事事。所以人在生活中有什么事情就尽力去做吧，不要拖拖拉拉，不要让拖延的毛病导致自己一事无成。

第7章

走好每一步，走向美好的未来

只要不放弃，一切皆有可能

在人的短暂一生中，不同的生活态度将决定你拥有怎样的人生。人不管是在逆境还是顺境中，都应该保持一种平和的心态，不轻易放弃，坚持走好人生的第一步。而且，在人的一生都有几个转折点，要想成功地度过这些转折点，要把关键的时刻要把握住，不能因为能力有限而惊惶失措，也不能因为难度大而心急气躁，更不能随口而出说放弃。因为你一旦宣布了放弃，就等于宣布了失败，当然就不会跃过那最为关键的一环。

有个牧人将刚挤的一桶鲜奶放在墙下，墙上有三只小青蛙打闹时不小心全部掉进了奶桶里。就这样三只小青蛙游也游不动，跳也跳不起。第一只青蛙说："难怪早上眼皮就在跳，好端端掉进牛奶里，我的命好苦啊！"然后它就漂在奶里一动不动，等待着死亡的降临。

第二只青蛙试着挣扎了几下，感觉到一切都是徒劳，绝望地说："今天死定了，我还不如死个痛快，长痛不如短痛。"于是它一头扎进牛奶深处，淹死了。

第三只青蛙什么也没说，只是拼命蹬着后腿。

第一只青蛙说："算了吧，没用的，这么深的牛奶桶，再怎么蹬也跳不出去啊。"

"也许能找到什么垫脚的东西呢！"第三只青蛙说。

但是桶里只有滑滑的牛奶，根本没有什么可以支撑的东西，小青蛙一脚踏空，两脚踏空……时间一分钟一分钟过去，小青蛙几乎想放弃了，但是一种本能的求生欲望支持着它一次又一次地蹬起后腿。它感到牛奶越来越稠，越来越难以游动……然而，慢慢地，奇迹出现了，它们下面的牛奶硬起来了，原来牛奶在它拼命搅拌下，变成了奶油块。待到等死的那只小青蛙发现这一点，它兴奋地叫起来，这时它的同伴已经差不多精疲力竭，然而两只小青蛙还是奋力一跳，终于都跳出了奶桶。而它们的另一个同伴，却没能出来。

看完这个寓言故事，相信大家明白了很多。我们要坚信：只要不放弃自己，一切皆有可能。同样面对困难，不同的人有着不同的心态，这就是为何有人成功而有人失败的原因所在。朋友们，如果你都放弃了自己，那么你还指望谁能解救你呢？人生的道路上有很多精彩需要人们去实现，如果在一次小小的磨炼中就放弃了自己前进的信念，那么你的人生价值会是如何呢？有一位年轻人，他从小的梦想就是做一名出色的赛车手，后来，他发现做一名赛车手非常困难，必须具备一定的实力与经济基础。然而，他并没有被现实打败，没有放弃自己的梦想，他选择了一份工作——在一家农场开车。

业余时间，他常报名参加一些赛车队的技能训练，如果有车赛，他一定会想方设法去参赛。然而，由于技术欠佳，他没能取得好的名次。他不仅没有收入，反而欠下了一笔数目不小的参赛费。虽然现实如此窘迫，但他依然不放弃自己的理想与信念，依旧勤奋地坚持练车。

有一次，他参加了一场对他来说非常重要的赛事。当赛程进行到一半时，他的赛车已经位列第三了，这样看来，他是极有可能冲刺到好名次的，可能这将成为他人生的转折点。

但是，突然间，跑在他前面的两辆赛车撞到了一起。于是，年轻人迅速转动方向盘，由于之前的车速太快了，他撞到车道旁的墙壁上去了。

当年轻人被救出来时，他全身的烧伤面积达 40%，其中手和鼻子伤得最为严重。医生整整做了 7 个小时的手术，才把他救活，在这次事故中，尽管他保住了命，但手却萎缩了。医生向他宣告，以后他再也不能开车了。

这对赛车手而言，无异于是晴天霹雳，但是，年轻人却并没有因此而绝望，他依旧坚持着自己心中的梦想，他做了植皮手术，为了能恢复手指的灵活性，年轻人每天都用残缺的手不停地抓木条，虽然疼得大汗淋漓，但依旧不放弃。

做完手术后，年轻人又回到了农场，开推土机让他的手磨出老茧，同时，他还继续练习着赛车。9 个月之后，他又参加了一场赛车比赛，但没能取得好成绩，因为他的车在中途意外熄火了。随后不久，他又参加了一场赛事，并获得了第二名。

两个月后，年轻人重返上次发生事故的那个赛场，经过一番激烈地争夺，他最终获得了 250 英里比赛的冠军。那一刻，他禁不住流下了眼泪。这位年轻人就是美国颇具传奇色彩的赛车手——吉米・哈里波斯。

在生活困难的时候，吉米・哈里波斯没有放弃自己，在出车祸导致无法开车的情况下，吉米·哈里波斯也没有放弃自己，似乎他的生活压根就没有“放弃”这个词语。如果放弃了，那么一切梦想将会变成泡沫，如果放弃了，一个人的生活也就开始了下坡之路。吉米？哈里波斯用自己的赛车梦诠释了什么叫作“永不放弃”。

乔布斯在叙述自己经历的时候曾经说过这样一段话：“在 30 岁的时候，我被踢出了局。在头几个月，我真不知道要做些什么。我成了人人皆知的失败者，也让与我一同创业的人很沮丧，我甚至想过逃离硅谷。但曙光渐渐出现，我发现自己还是喜欢曾经做过的那些事情。虽然我被抛弃了，但热忱不改。所以我决定，重新开始！”是的，一切都会过去的，人没有理由放弃自己，如果放弃了自己，那么没有任何人可以解救你！只要肯努力，万事皆可重新开始！

人总是在为自己的理想而活，而在实现理想的过程中，却总是直线不多，曲线路少，每一步都会走得那样曲曲折折、弯弯转转，就像鲁迅说的话：“地上本没有路，走的人多了，便成了路。”所以，人要认准自己心中的理想，坚定自己所选择的路，不管前方多少泥泞坎坷，不管他人如何看待，只要沿着自己认为正确的方向走，终将会实现自己的理想，成为与众不同的人。

不要总把别人当风景，你同样丰满

人，来到这世上，总会有许多的不如意，也会有许多的不公平；会有许多的失落，也会有许多的羡慕。你羡慕我的自由，我羡慕你的约束；你羡慕我的车，我羡慕你的房；你羡慕我的工作，我羡慕你每天总有休息的时间。

或许，人都是远视眼，总是活在对别人的仰视里；或许，人都是近视眼，往往忽略了身边的幸福。事实上，大千世界，不会有两张一模一样的面孔，只要你仔细观察，总会有细微的差别。同是走兽，兔子娇小而青牛高大；同是飞禽，雄鹰高飞而紫燕低回。人，总会有智力、运气的差别；总会受环境、现实的约束；总会有人在你切一盘水果时，秒杀一道数学题；总会有人在你熟睡时，回想一天的得失；总会有人比你跑得快……参差不齐，才构成了这世界上一道道亮丽的风景。卞之琳说："你站在桥上看风景，看风景的人在楼上看你。"

小跃和老公青梅竹马，但婚后没几年却分道扬镳了。刚开始小跃说她爱上了别人，因为和老公在一起生活没有丝毫波澜，他根本不懂生活中的浪漫，就像一桩木头只知道吃饭穿衣，后来人们才知道是小跃的老公提出的离婚。

小跃是个能干的女人，她在超市里做收银员。不仅如此，她晚上还会做一些小零工，和老公一起努力地支撑着一个家。老公疼惜她，每次都想让她早些休息，但小跃不仅不领情，反而还埋怨老公无能。小跃的老公是一名公交车司机，虽然起早贪黑地拼命干，但是他的工资并不高，在大城市里的生活有些捉襟见肘。有时候，小跃埋怨自己命不好，为什么最后找了个如此无能的男人。每次她发牢骚时，老公一句话也不回，而是蹲在墙角拼命地抽闷烟。

别人家的幸福生活从来没有在他们家里出现过，小跃不断地抱怨让老公开始对生活失去了信心。原本他想努力奋斗，尽自己最大的努力保护小跃，可到头来他突然发现自己连最基本的生活都保障不了。他开始陷入深深的绝望中，每当小跃拿他和别的男人比时，他的内心都非常痛苦，时间久了他甚至觉得自己根本配不上小跃。在一个春日的午后，小跃正在家里收拾卫生，老公突然推门而入，小跃没好气地说："你不在外面好好工作，跑来家做什么，难道要人一家喝西北风吗？"说完后，老公并没有说什么，而是翻箱倒柜地找东西。

气不打一处来的小跃质问老公做什么，这个时候对方竟然平静地说："这些年来委屈你了，我觉得我们还是离婚吧，因为我给不了你想要的幸福。"老公说完后，小跃以为对方开玩笑，但当看到他认真的样子，小跃慌了。小跃并没有问对方原因，因为这些年来她知道只要老公做出决定，那么任何人都无法改变，她只是不明白自己的婚姻为何走到了尽头，她甚至天真地以为老公在外面有别的女人了。

临走的时候，小跃想问对方要一个解释，但是对方并没有多说，只是觉得自己根本配不上她，希望她以后能找到属于自己的幸福。小跃从来没有想过离婚，虽然别人家的经济状况比他们好，但她也只是随便说说，只是没想到自己的男人竟然当了真。其实，小跃骨子里是知道离婚的原因的，但是她根本不愿意承认。

离婚后，小跃开始变得沉默，努力地做着属于自己的工作，在她的世界里再也没有埋怨，取而代之的是对生活的满足。这段婚姻的失败，让她明白了很多事。其实有时候人就生活在幸福之中，只是人浑然不知，总是一直羡慕别人，当自己真正失去后，就会变得追悔莫及。几天前，小跃更新了朋友圈："我们一直羡慕别人，却怎么也做不好自己。"离婚之后的小跃非常痛苦，因为她再也找不到一个那么疼自己的人。

其实，学会在自己的生活里绽放幸福，远比羡慕别人重要得多。茹雪结婚了，让她的朋友想不到的是陪她走进婚姻殿堂的，竟然不是那个高大威猛的帅哥而是一个非常平凡的人。刚开始大家以为是茹雪开的一个玩笑，但当看到他们在婚礼上彼此深情地交换戒指时，朋友才明白这一切都是真的。后来有位朋友问茹雪为什么没有跟那位帅哥走到最后，她笑着说："爱情或许可以谈得轰轰烈烈，但越是轰烈结局也会越悲惨，在婚姻里最重要的是舒服而不是仰望。"看到茹雪快乐幸福的样子，朋友从心里为她高兴。

曾经有位姑娘在婚姻里充满了焦虑，她一直觉得自己活得很悲伤，因此想脱离婚姻的苦海。她去寺庙里求助时，方丈问她不幸福的根源是什么。她想了想说："我觉得别人家都比我过得好。"她说完后，方丈思考了一会儿说："其实，你对于幸福的理解太浅薄了，你一直在和别人进行攀比，但这有什么意义呢？到头来还不是自寻烦恼？"方丈说完后，这位姑娘恍然大悟，原来不幸的根源就是自己。

其实，幸福真的很简单，简单到如日常的吃饭穿衣和睡觉。很多人对自己拥有的幸福视而不见，总是羡慕别人，在别人面前诉说自己的不容易，这其实是可悲的。纵使你曾经在婚姻里痛哭流涕，但你也要学会寻找婚姻里的温馨，有时候你的委屈和粗茶淡饭的日子未尝不是别人深深羡慕的。在这个世界上，人拥有得很多，如果不去比较，经营好属于自己的岁月，便是值得称赞的。幸福其实就是电影里的一个慢镜头，你会在里面看到属于自己的样子。

走在生活的风雨旅程中，当你羡慕别人住着高楼大厦时，也许瑟缩在墙角的人，正羡慕你有一座可以遮风的草屋；当你羡慕别人坐在豪华车里，而失意于自己在地上行走时，也许躺在病床上的人，正羡慕你还可以自由行走……人生如一本厚重的书，有些书是没有主角的，因为人忽视了自我；有些书是没有线索的，因为人迷失了自我；有些书是没有内容的，因为我们埋没了自我……

生活中，人没有必要为难自己，质疑自己。有时，我们无法很好地理解或学会某样事物，那只是人思考与接收问题的角度不同罢了。每个人都有自己的泪要擦，每个人都有自己的路要走，只要记得：冷了，给自己加件外衣；饿了，给自己买个面包；痛了，给自己一份坚强；失败了，给自己一个目标；跌倒了，在伤痛中爬起，给自己一个宽容的微笑继续往前走，一切已足够！

一生辗转千万里，莫问成败重几许，得之坦然，失之淡然，与其在别人的辉煌里仰望，不如亲手点亮自己的心灯，扬帆远航，把握最真实的自己，才会更深刻地解读自己。

活在人世间，没有谁的生活是值得人羡慕的。每个人都是宇宙空间里的小行星，都有自己的预定轨道和生活方式。你不可能成为别人，别人也不可能成为你。你的生活别人不能复制，别人的生活也不可能适合你。过好自己的日子才是最现实的。

如果跟不上，就必须加足马力

经常听到一些人不自信的时候说："我的能力不行。"可是当你在说这些话时，有没有问过自己，你的努力行不行？你努力了吗？能力有限不要紧，只要努力了，你就发挥了你最大的能力；相反，你有一定的能力，可是你却没有努力，你的能力照样会受到限制，你的能力就不能得到很好的发挥。

这些年，随着国家高校招生体制的改革，大学生几乎可以说是"满天飞"了。但是，由于多种因素的影响，也并不是所有人都能接受大学教育。因此，有些人对此非常遗憾，认为未能接受大学教育是导致自己"能力有限"的最主要原因，也是阻碍自己事业前程的一大障碍。

一个人没有上过大学，或是能力有限，但只要"努力无限"，仍然可以成才、成功。下面这个人的成长故事就是最好的证明。

他的家境贫寒，连父亲去世后买棺材的钱都是邻居亲友凑齐的。父亲亡故后，母亲在制伞工厂上班，每天工作 10 个小时，下班后，还带些按件计酬的工作回家做，一直忙到晚上 11 点。

在这种境遇中成长的他，小学都没读完，少年时有一次参加附近教会举办的话剧演出，他觉得很有趣，从而决心要学好演讲．这次偶然的经验，成为他日后从政的契机。他在 30 岁时终于当选为纽约州议员，但当时他尚欠缺履行议员职责的准备。

由于他的文化水平很低，所以，工作中碰到很多困难。当他阅读必须付诸表决的冗长而复杂的议案资料时，完全莫名其妙，有如面对一种难辨的文字一般。再有，虽然他从未踏进森林一步，却被选为森林法立法委员；从未跟银行打过交道的他又被选为银行法立法委员会的一员。这不得不使他感到懊悔烦闷，真想辞职不干。但他终究未辞职，其原因乃是不愿让母亲知道他无法胜任议员职务这件事。

面对此种困境，他没有退却。他认识到不必为自己菲薄的知识而难过，只有发愤图强才可以弥补一切。他每天学习 16 个小时，下定决心对一切问题都感兴趣并加以钻研。

他完全忘掉了自己未上过小学的耻辱。自学 10 年后，他已是纽约州政治事务的最高权威。他获得了无数的荣誉：连选为四届纽约州长，6 所大学——包括哈佛大学和哥伦比亚大学，都曾给这个小学未毕业的男人赠与名誉学位。

不懈的努力终究使他从地方政界要人变成全国性的政治家。《纽约时报》曾盛赞他是纽约最受欢迎的公民。这个不凡的人就是亚当・史密斯。

每一个人都不必为没上过大学而伤悲，也不必为能力有限而自卑。著名数学家华罗庚说过："勤能补拙是良训，一分辛劳一分才。"

曾有人研究过，世界上能登上金字塔的生物有两种，一种是鹰，一种是蜗牛。不管是天资奇佳的鹰，还是资质平庸的蜗牛，能登上塔尖，极目四望，俯视万里，都离不开四个字——努力攀登。

一个人的进取和成才，环境、机会、天赋学识等外部因素固然重要，但更重要的是依赖于自身的勤奋与努力。缺少这种精神，哪怕是天资奇佳的雄鹰也只能空振羽翅，望塔兴叹。有了这种精神，哪怕是行动迟缓的蜗牛也能雄踞塔顶，观千山暮雪、万里层云。

资力平庸有什么关系？能力平平有何要紧？别人休息，你去学习：别人旅游，你去学习：别人一天工作 8 小时，你工作 12 个小时……只要你尽到了自己的最大努力，能力有限的你同样能够在所处的团体中发出亮光，从普通员工中脱颖而出。

曾经有位集团公司的行政总监张强，在成为行政总监之前，不过是公司行政部的一名普通文员。

从张强进入公司那一天起，就非常努力非常敬业，主动承担责任。很多事情，虽然不是他分内的事，但他还是主动地、在不被告知的情况下，把它们做得尽善尽美。他每天第一个到办公室，最后一个离开。虽然没有人承诺给他加班工资，他还是经常加班，为的是不让工作拖到第二天。他总能提前完成行政部经理交办的工作，并且做得很好。

张强这样做的时候，自然也有同事嘲讽他。但他没有在乎这些人的嘲讽，依然坚持他自己的工作态度和原则。因为他做得多，对公司了解得也就越多，掌握的技能也就越多，公司也就越需要他。他的表现，经理看在眼里，老板也看在眼里。老板在交了一两件事给他办之后，对他产生了信任，之后便分派更多的任务让他去完成，并有意识地让他参与到公司一些重要会议中去。

"老板增加了你的工作，你应该申请加薪。"有同事对他说。

张强没有申请。他知道他已经得到了很多：他在很多方面，其实已经超过了同部门的老员工，这种收获绝对不是薪水所能换来的。

老板给张强增加任务，实际上是在考察和培养他。老板早对原来的行政总监非常不满，那个行政总监年龄不大，却一副老气横秋的样子，行动慢得像蜗牛，自负傲慢，从来不肯承担责任，出了问题总为自己找一大堆借口。在经过一段时间考察和培养后，老板做出了决定：解聘原来的行政总监，让张强取而代之。

此决定一出，整个集团公司为之哗然。"一个小文员，一下提起来做总监！太草率了吧？""起码也该先做做行政主管、行政经理什么的，过渡一下嘛。""他凭什么一下就做总监啊？不就是爱表现嘛！""一个小文员，能胜任吗？"人们议论纷纷，包括这名文员曾经的上司——行政部经理也非常不满。

老板说出了自己的看法："张强的身上有一种最宝贵的品质，是公司非常需要的，也是很多员工所缺少的，那就是努力。我承认，他管理能力和经验都还欠缺，文凭也不高，但只要努力、敬业、忠诚，就什么都可以学到，什么经验都可以积累起来！我相信他能够胜任行政总监的工作！”

事实证明，这个老板的决定一点也没有错，张强只在刚上任一两个月里感到有点吃力，之后就表现出了强大的胜任能力，因为他懂得努力。

能力和努力也是辨证的、相辅相成的。努力了你就会有成功，努力了你就会有收获。

从普通职员到高层管理，这在不少企业里都不再是奇迹。只要你不懈努力，学历低就不是问题，能力欠缺也不是问题，经验不多更不是问题。

竞争不断，努力更有力量

马云说:“敢于竞争,在竞争中强大自我。”“人要被狠狠PK过,才会有出息。”马云无疑是一个敢于竞争的企业家，阿里巴巴之所以能走到今天，也是在竞争中逐渐蜕化成蝶的。对此马云形象地比喻道：“就像武侠小说里所描写的，一个有资质的人才总会在一次又一次的比武中得到一些非同寻常的顿悟，进而功力大增。”

每个人都有争强好胜之心，只有在和别人的相比之下，才能进步得更快。就是说，竞争是实现自我价值而做出的不懈努力，从而使自己的优势得以充分挖掘和发展，将来为祖国贡献更大的力量。竞争让人们满怀希望，朝气蓬勃。这是一种健康的心理。

竞争是实力的展现。拥有丰富的知识，掌握比较多的技能，善于把握时机，敢于展示，才能表现为竞争能力。在社会上庞大的求职大军中，经常会出现这样的情况，在同等学力的毕业生中，或多一个外语能力，或多一个计算机能力，或多一个写作能力，或多一个公关能力等，都会引起用人单位的特殊兴趣，并先行选择他来从事某一职业。因此，培养竞争能力的重要前提是提高综合实力，而不仅仅是一种争强好胜的抽象意识。

竞争是人格的考验。竞争的目的是为了使人们在危机感中不断寻找拼搏前进的新的制高点，让每个人的才能得到充分的发挥，从而使人类的精神和物质财富得到空前的丰富。违背这一目的的行为就是不正当竞争，充其量只能是对社会财富、他人利益掠夺的权术，是人格和道德的堕落。因此人说，竞争是对人格的考验，所以，在学生在和他进行竞争时，一定要有一个正确的目的。

除此之外，竞争还会给人们带来以下好处：

1. 竞争能激发人的创造精神，它使人体充沛，思维敏捷，反映灵活，想象丰富。

2. 通常情况下，人只能发挥自身潜能的 20% ~ 30%。而在竞争过程中，人处于紧张的情绪状态，这种情绪有利于个体潜能的发挥。

3. 通过竞争，能够使人们增强信心，从而树立更高的奋斗目标。

4. 竞争中的失败者通过总结经验，调整目标与行动方式，为进一步取胜打好基础。

在竞争面前，朋友对待竞争对手的态度一定要诚恳，不嫉妒、不报复竞争对手，要敞开心胸告诉对手："我想赶过你，和你一样有成就，让我们一起努力吧！"拳王阿里曾说："谁能战胜我，说明拳击事业发展了，这是我终身的追求——发展拳击。"竞争是激活机体的活跃细胞，它带来进步的活力，使胜利者继续前进，失败者急起直追；对强者是鼓励，对弱者是鞭策，其结果是你我他的共同发展。应该如何培养正确的竞争观呢？

1. 要调整好心态。有的人在工作学习中总是一味地担心别人会超过自己，他们总是焦虑地扫描着竞争对手的成绩，一旦发现对手的在某一方面超过了自己，心里就会"咯噔"一下，心跳加快，血压升高，久而久之便产生了嫉妒心理。这种不良的竞争心态的危害是非常大的。所以，一定要对竞争保持一个良好的心态，要敢于接受挑战，积极地参与竞争。

2. 要对自己有一个客观的、恰如其分的评估，努力缩小"理想我"和"现实我"的差距。在制定目标时，既不好高骛远，又不妄自菲薄，要把长远目标与近期目标有机地统一起来，脚踏实地地一步一个脚印地做起，这样才有助于"理想我"的最终实现。

3. 要在艰苦的现实环境中磨炼自己。绝大部分都是有理想、有抱负的，他们对现实的环境和条件普遍表现出不满足，总是想通过自己的努力奋斗来改变现状，但对于到底该怎样改变又显得到比较茫然，这就需要在日常的生活当中通过磨炼自己来积累竞争的资本，从小的竞争舞台走向大的竞争舞台。这是对自身的一种磨炼，同时也需要很大的勇气。

4. 要注意培养自己的创造性思维能力。一位未来学家曾预言："从某种意义上人可以说，历史留给人类唯一的任务就是要求每个人都必须从事不同程度的创造性工作，而这一任务的完成，只有创造性地发掘和培养每一个受教育者的创新精神，才有可能。"因此，为了适应未来的竞争，应在平时的学习中努力开拓自己的创造能力，以便于创造性思维的培养。比如说，积极地参加兴趣小组，阅读课外书籍，创作小论文等。

5. 在竞争中要能审时度势，扬长避短。一个人的需求、兴趣和才能是多方面的。如果在实战中注意挖掘，就有可能带来"柳暗花明又一村"的新局面。这样不仅能增加成功的机会，减少挫折，而且还会打下进一步发展和取胜的好基础。当然，成功了固然可喜，失败了也问心无愧，如果从中悟出了一番道理，或者在竞争中学到了知识，增长了才干，那么这种失败或许更有价值，它很有可能会成为明天成功的起始。

盲目的忙碌让你无所事事

我们生活的周围，经常有这样一些人他们没有目标、没有方向、没有规划，整天也是忙忙碌碌、不可开交，结果回过头来却发现自己做了大量无意义的事情自己的忙碌也失去了应有的价值。我们可以忙，也应该忙，但绝不能盲目的忙碌。忙一定要有目标，有重点，要知道自己在忙什么，为了什么忙。

要知道，盲目 + 忙碌 = 碌碌无为。忙碌可以使我们的生活充实，忘记不好的回忆。让我们回首过去时觉得对得起时间，对得起自己。但如果你只是为了不闲着而去忙，只是为了向别人证明自己“很重要”而去忙，没有目标的忙，不知道事情轻重的忙，那么无非是自己欺骗自己罢了。

爱琳·詹姆丝曾经是美国倡导简单生活的专家。作为一个作家、一个投资人和一个地产投资顾问，在这个领域努力奋斗了十几年后，有一天，她坐在自己的办公桌前，呆呆地望着写满密密麻麻事宜的日程安排表。突然，她意识到自己对这张令人发疯的日程表再也无法忍受下去了。自己的生活已经变得太复杂了，用这么多乱七八糟的东西来塞满自己清醒的每一分钟，这简直就是一种疯狂愚蠢的生活。就在这时，她做出了一个决定：她要开始摒弃那些无谓的忙碌，多给自己的心灵一点时间。

于是，她着手开始列出一个清单，把需要从她的生活中删除的事情都排列出来。然后，她采取了一系列“大胆的”行动。首先，她取消了所有电话预约。

其次，她停止了预订的杂志，并把堆积在桌子上的所有读过、没有读过的杂志全部清除掉。她注销了一些信用卡，以减少每个月收到的账单函件。通过改变日常生活和工作习惯，使得她的房间和庭院的草坪变得更加整洁。她的简化清单总共包括 80 多项内容。

爱琳·詹姆丝说：“人的生活已经变得太复杂了。在人这个世界的历史进程中，从来没有像人今天这个时代拥有如此多的东西。这些年来，我们一直被诱导着，使得我们误认为我们能够拥有这一切的东西，已经使得自己对尝试新产品都感到厌倦。许多人认为，所有这些东西让他们沉溺其中并且心烦意乱，因为它们已经使得人失去了创造力。

“因为受习惯的生活方式的影响,你每天有多少活动是不得不勉强去做的?追求舒适的习惯和烦琐的例行公事是否让你的日常生活落入浪费时间、浪费精力的陷阱？其实减少那些程式化的活动，并不会因此减少快乐的机会。习惯驱使人去做所有这些日常琐事。人总是担心如果不去做，就会失去某些东西。其实，也许人的确会失去什么东西，但是这没什么不好，人还是好好地活着。还不仅仅是活着，而是活得更潇洒了，因为人们再也用不着试图去做所有的事情。看看那些对人类的艺术领域、音乐领域、科学领域做出过卓越贡献的人，如毕加索、莫扎特、爱因斯坦，这些人都生活在极为简单的生活之中。他们全神贯注于自己的主要领域，挖掘内在的创造源泉，因此，获得了丰富精彩的人生。”

人生负重有时候是因为人额外地增加了一些不必要的工作，表面上看起来，人是有所追求，是积极向上，但是仔细分析之后就会发现，人陷入了为忙碌而忙碌的怪圈之中。为了不承担懒惰、消极的恶名，或者为了一些可有可无的消费享受，人把自己支使得团团转，这实在是一种错误的心态。

忙碌的人们，该清醒一下了，仔细分析一下，就会发现总有些东西需要放下。摒弃那些多余的东西，不要让自己迷失方向，贪婪地占有只会占用大量的时间和精力，而这些时间和精力本来可用于人真正希望去做的事情上。

闲暇之余，你不妨拿出一张纸来，列一个表，把自己自制的娱乐方式和娱乐项目列出来。想想野炊或野营，自制个轮船模型，锻炼一下身体或种点花草，甚至读书、画画、写文章都挺有趣的。虽然这些娱乐游戏和活动很简单，但它同样会让人每一个人都感到开心。

伟大的哲学家尼采曾经说："所有的伟大思想都是在散步中产生的。"生活中一些不起眼的行为就能让你感到轻松舒适，散步就是其中最好、最简单、也是最廉价的一种。

适当的时候，人需要舍弃一些无谓的忙碌，给自己的心情放个假。当面对工作的负荷，再也无力应战的时候，当遇到烦心事，思绪混乱的时候，不妨给自己一点独立的安静的环境，不妨去公园逛逛，欣赏姹紫嫣红的美景游人灿烂的笑脸胜似晴空，如茵的绿草地上，嬉戏的顽童一脚把足球踢上天空，这一切让人的心中充满丝丝绿意，拥有一个好心情。这时人们会突然发现：天是那么湛蓝，云也分外洁白，这个世界也真的好美丽，而这时自己也会拥有一份好心情！不妨撑起一把小花伞在雨中漫步，在青石板小巷里欣赏雨中美景，那细雨会把人的坏心情洗的一尘不染……

在现实生活中，每天都会有各种事情纷至沓来，让我们应接不暇。忙着学习充电，忙着工作，忙着家人，忙着……忙碌已成为我们多数人不得不面对的现实。然而，忙得多、忙得快，并不代表忙得对、忙得值。忙，没有错，但如果没有忙到点子上，再忙也只能是"瞎忙"。舍掉一些无谓的忙碌，时常给自己的心情放个假，不但会使人疲惫的神经得到适时的放松，也会点缀调剂人乏味平淡的生活。

一定保持清醒的头脑

古往今来，无数文人骚客，巧借春风吟诗唱和，留下诸多美妙诗句，如“春风得意马蹄疾”等等。这也让春风得意变成一件好事。平心而论，大抵常人谁不想春风得意？问题在于如何清醒地对待“春风”，正确地把握“得意”。如果春风得意者，能头脑清醒，把握得好，事业可望锦上添花；相反，倘若头昏眼花，把握得不好，人生就可能因福得祸。

俗话说：“枪打出头鸟。”这句格言都告诉人一个浅显的事实：当一个人因为努力或才华而春风得意时，他实际上离倒霉已经不远了。只有得意时的谨慎，才能让你飞得更高。

古人有一副对联：“宠辱不惊，看庭前花开花落；去留无意，望天上云卷云舒。”这就是一种很好的生活态度。宠也罢，辱也罢，都不觉得有什么好吃惊、好意外的，任它来者自来，去者自去。同样道理，有钱也很好，没钱也很好，都不要紧，因为我们吃不了多少东西，用不了多少东西，东西太多，还要不断地送人或是扔掉，否则家里没地方放，搬家的时候也很麻烦。这就是物累。

人没必要为了这种太多就会变成物累的东西，浪费生命。闲下来，就看看庭前的花开花落，听听风声鸟鸣，看看月亮太阳，看看天上飘来荡去的白云，多么逍遥惬意。甚至朋友也是这样，朋友太多，你没时间应酬，不主动来往还会得罪朋友，让大家不开心。所以，朋友去也罢，留也罢，都随他们。没必要执着。不如“静对古书寻乐趣，闲观云物会天机”，静静地在读书中寻找乐趣，看天边的云忽而卷过去，忽而卷过来，让自己的心和大自然融为一体。

学界泰斗季羡林先生精通 12 国语言，是世界上仅有的几位从事吐火罗语研究的学者之一。他 1941 年获哥廷根大学哲学博士学位，1946 年回国，受聘北京大学教授，创建了东方语文系并首任系主任，在佛典语言、中印文化史、佛教史等领域创获良多、著作等身，成为国际著名的东方学大师。1978 年，季羡林任北京大学副校长。

季老不仅学贯中西，融会古今，在道德品格上融合了中国传统士大夫的仁爱和恕道，完美体现季老大智若愚的从容与淡定。2006 年，95 岁高龄的季羡林老先生获感动中国十大杰出人物。组委会给季老的颁奖词是这样写的：

智者乐，仁者寿，长者随心所欲。曾经的红衣少年，如今的白发先生，留得十年寒窗苦，牛棚杂忆密辛多。心有良知璞玉，笔下道德文章。一介布衣，言有物，行有格，贫贱不移，宠辱不惊。

身为北大副校长的季老生活简朴，经常穿一身洗得发白的卡其布中山装，脚上穿着一双圆口布鞋，出门时提着一个老旧的人造革书包。季老总是面带笑容，平易近人，同他谈话，如沐春风，绝不会有局促之感。难怪会闹出入学新生将季老误认为门卫大爷，托付季老照看行李，在开学典礼上方知坐在主席台上的“门卫大爷”原来是本校副校长季羡林的笑话。

很多人都向往“宠辱不惊”的境界，但很多人认为自己达不到。为什么达不到？因为，大家心里都有一种对贵的向往，比如我们非常在乎的尊严。尊严是好东西，但好东西同样会束缚人心。当你很在乎尊严时，有人侮辱你，侵犯、干预、否定你的尊严，你就会怒火中烧。生气对自己不好，既对身体不好，也会让自己失态，也可能让你做出不能挽回的事。富贵也罢，荣耀也罢，屈辱也罢，潦倒也罢，都不在乎，都不动心。得时不得意，失时不气馁，光明来了就是光明，灰尘来了就是灰尘，那么，总有一天，你在污泥中也能长出自己的莲花。

《菜根谭》中说："衰飒的景象，就在盛满中；发生的机缄，即在零落内。"意思就是，凡是衰败的景象往往很早就在繁华的盛况之中隐藏着；凡是蓬勃生机也早就孕育在换季的凋零时刻。所以当你处于春风得意的顺境中时，一定要懂得低调的智慧，切不可到处炫耀。

积蓄力量，蓄势而发

等待是成功的重要砝码。善于等待，就是善时。如果你错失了良机，你也不叫善时，你抓住了时机才叫善时。所以我们要学会等待，积极地等待，不要盲动，不要急功近利。毛竹有长达几公里的根系，当雨季到来的时候，它就能挺拔入云；鲲鹏有若垂天之云的羽翼，当大风到来的时候，它就能到达南海；梅花有傲雪凌霜的意志，当严冬到来的时候，它就能傲然怒放。一个人，要想取得辉煌的成就，就必须积蓄力量，等待时机。

美国的玉米糊大王斯泰雷小时家境非常贫穷，常常食不果腹，他 16 岁便在一家五金公司学做生意，以此谋生。当时月薪极低，还经常受经理训斥。虽然他做事总是积极主动，埋头苦干，其结果却是适得其反。

有一天，他又被无缘无故地唤进经理室，受到经理一顿责骂："像你这种穷光蛋，还想学做生意，你也不瞧瞧自己的能耐。"一番训斥，极大地刺伤了斯泰雷的自尊心。他不堪忍受这等侮辱，于是辞职并发誓：一定要开家比这大十倍的公司。

斯泰雷辞职以后并没有马上找别的工作，他经常出入各大商场，了解各种商品的销售情况。经过耐心调查，他发现玉米糊在市场上很受欢迎，但许多厂商因为其利润微薄而放弃。

于是，斯泰雷确定把自己的立足点定在生产玉米糊上。果然，由于斯泰雷对市场了如指掌，其产品销量遍及整个美国。没几年，他就有了惊人的成就，成为誉满美国的“玉米糊大王”。

通过斯泰雷的故事让我们明白，成功是需要有所等待的，而不应急于求成。一个人要想办成一件事，没有坚强的毅力和极好的耐心是不行的。学习是这样，工作和做事也是这样。

王猛出生在青州北海郡剧县，年幼时因战争动乱，他随父母逃难到了魏郡。在王猛年轻的时候，曾经到过后赵的都城——邺城，这里的达官贵大没有一个人瞧得起他，唯独有一个叫徐统的，见了他以后非常惊奇，认为他是一个了不起的人物。

于是，徐统召请王猛为功曹，可是王猛不仅不答应徐统的招请，反而逃到西岳华山隐居起来。因为他认为自己的才能不应该干功曹之类的事，而是应该去帮助一国之君来干大事，所以他隐居在山中，静观时势变化，等待机会的到来。

公元 351 年，氐族的苻健在长安建立前秦王朝，力量日渐强大。354 年，东晋的大将军桓温带兵北伐，击败了苻健的军队，把部队驻扎在灞上。王猛身穿麻布短衣，径直到桓温的大堂求见。桓温请他谈谈对当时局势的看法。王猛在大庭广众之中，一边把手伸进衣襟里去捉虱子，一边纵谈天下之事，滔滔不绝，旁若无人。

桓温见此情景，心中十分惊奇，他对王猛说:“我遵照皇帝之命，率十万精兵，号称正义之师前来讨伐逆贼，为百姓除害，以安天下。可是，关中豪杰却没有人到我这里来效劳，这是什么缘故呢？”王猛直言不讳地回答说：“您不远千里来讨伐敌寇，长安城近在眼前，而您却不渡过灞水去把它拿下来，大家都揣摩不透您的心思，所以才不来。”

桓温沉默良久。王猛的话正击中了他的要害，他的打算是，自己平定了关中也只能得个虚名，而实际利益是归朝廷所有的，与其消耗实力，为他人做嫁衣裳，还不如拥兵自重，为自己将来夺取朝廷大权保存力量。

正因为王猛一言即中，桓温更加认识到他的非同凡响，便道："这江东没有人能比得上你。"后来，桓温退兵了，临行前，他送给王猛漂亮的车子和优等的马匹，又授予王猛高级官职"都护"，请王猛随他一同南下。但王猛拒绝了桓温的邀请，继续隐居华山。

开始的时候王猛的确是想借桓温这个机会来干一番事业的，但是他考察桓温和分析东晋的形势之后，认为桓温不是甘心久居人下之人，迟早会反叛朝廷的，但是以桓温的实力未必能够成功，自己在桓温手下很难有所作为。

桓温走后的第二年，前秦的苻健去世，继位的是中国历史上有名的暴君苻生。苻生昏庸残暴，杀人如麻。苻健的侄子苻坚想除掉这个暴君，于是广招贤才，以壮大自己的实力。他听说了王猛的名声，就派尚书吕婆楼去请王猛出山。苻坚与王猛一见面就像知心的老朋友一样，他们谈论天下大事，双方的意见不谋而合。

苻坚觉得自己遇到王猛就像三国时的刘备遇到了诸葛亮；王猛觉得眼前的苻坚才是值得自己一生效力的对象。于是，王猛留在苻坚身边，积极为他出谋划策。

公元 357 年，苻坚一举消灭了暴君苻生，自己做了前秦的国君，而王猛成了他手下的得力助手，任中书侍郎，掌管国家机密，参与朝廷大事。王猛 36 岁时，因为才能突出，精明能干，一年之中连升了五级，成了前秦的尚书左仆射、辅国将军、司隶校尉，为苻坚治理天下出谋划策，干出了一番轰轰烈烈的大事业，成为中国历史上著名的杰出政治家。

王猛没有为了求取富贵荣华而做出一些急功近利的事情，他懂得韬光养晦，更有一颗隐忍等待的心，终于遇到了明主，也最终成就了自己的一番事业。

总之，只要善于等待时机，你才不会错过时机，只有懂得积蓄能量，终有一天你会蓄势待发，一飞冲天。善于等待的人，一切都会及时到来，想要成就一番事业。就必须丢弃浮躁的心理，磨炼自己的意志，韬光养晦，这样才能成就更优秀的自己。

实力在人与人生的博弈中无疑是最重要的。当人缺乏实务时，并不容易抓住机遇，应该要在等待的过程中不断地丰富自己，用更加深邃的思想和内涵使自身积淀不断增长，完成蜕变，那么总会在最合适的那一刻，成功总能绽放出原本属于它的绚彩。

必须要经历的，就不能逃避

在漫长的人生旅途中，总有一段除了等待以外再也没有办法可以通过的阶段。在这一个阶段中，等待是生存的技能。人要生存，就必须学会积极的等待，在等待中蓄积力量，在等待中磨炼锐气，在等待中寻觅机会。

人的能力是有限的，总会碰到好多事情，自己没有能力解决而无可奈何。为了更好地生存和发展，在这个阶段，人必须等待。在人生的道路上，如果没有耐心地等待，迎接你的不会是成功，而是一次又一次的失败。所以，人生没有过不去的坎儿，遇到不顺利的事情，如果无法改变，人就需要暂时的等待。

蛹只有经过等待破蛹，才能化为漂亮的蝴蝶。人生何尝不是如此呢？煎熬、磨炼、挫折、困难……这些都是成长的必然过程与代价。人必须以平常心去看待等待，绝不能因此而抱怨不已。只有经过等待，才能体会到快乐的来之不易，才能体会战胜困难的喜悦，才能变得更加坚强，才能更好地领会人生的意义。

要想吃到可口的果实，必须等到果子熟透；要想喝上醇香的美酒，也要有耐性等待漫长的窖藏。很多事情人必须等待，心急如焚不行，揠苗助长更不可取。要知道，正是人在长夜里甜蜜酣睡的时候，也许屋外的花蕾正竞相绽放，在黎明时分为自己准备了一份惊喜。

有这样一则寓言：

一条小河，此岸遍布荒草和荆棘，彼岸却繁花似锦，鸟鸣缨缨。此岸有几条毛毛虫，非常向往彼岸，它们抱怨它们的母亲为啥把它们降生在这种鬼地方。蝴蝶母亲说："你们知道吗，出生在这边比那边更安全。要想到彼岸，一定要等到长大，现在还不是时候。"毛毛虫们都不以为然，只有一只例外。

一天，一个男孩在小河里游泳，出于好奇，游到此岸。几条毛毛虫迫不及待地落在男孩头上，想乘机到彼岸去。不想男孩返回时，在下水的瞬间，发现了头上的异样，三两下就弄死了那几条毛毛虫。

不久，彼岸又游过来几只鸭子，又有几条毛毛虫蠢蠢欲动，想借助鸭子到达对岸，尽管这种尝试异常危险。但它们还是瞅准机会，落在几只鸭子的身上。鸭子们起初并不知道。就在毛毛虫们暗自得意的时候，鸭子们发现了彼此身上的美味，接下来就是饱餐一顿。

尽管如此，剩下的毛毛虫对彼岸的向往并未消失。它们仍然在寻找机会。机会终于来了。一日，河里起了大风，风向竟是从此岸吹向彼岸。毛毛虫们纷纷爬上落叶。落叶顷刻就被风吹到河里，这正是它们想要的：以叶为舟，渡过河去。但不幸，风太大，那些树叶都被掀翻了，毛毛虫们都被淹死了。唯一听妈妈话的毛毛虫，慢慢长大，变成一只蝴蝶，飞过河，到达了美丽的彼岸。

确实，人生并非处处顺利平坦，不总是莺歌燕舞，常会伴随着几多不幸，几多烦恼。一旦遭遇不顺和困难，人就需要慢慢等待。毕竟胜利的喜悦和醇厚的美酒，都是需要时间的积淀才能享受的。

万事俱备，只欠东风。但东风并不是每天都会来的，更不会事先预约。在东风来临之前，人能做的就是少安毋躁，耐心等待。就像白杨和银杏，把它们同时栽下，享受同样的阳光，同样的水土，同样的条件，但结果却是：白杨生得高大，银杏生得矮小。为什么呢？这是因为珍贵的东西总是慢慢成长。

梅花斗艳，独立寒枝，是在等待春天；雨声潇潇，花木入梦，是在等待晨曦；

江河咆哮，一泻千里，是在等待入海；鹰立如睡，虎行似病，是在等待出击。有些事情是不能等的，但有些事情是必须要慢慢等的。学会等待，有些事情才能化解，人才能释怀某些感情，才能慢慢品味人生。

等待不是无所作为，而是为了有所作为，因此人必须放弃等待中无所事事的埋怨，学会积极地等待，学会用等待驱散黑暗，用等待走出逆境，用等待迎接命运的每一次挑战。

走向未来，明天更美好

人生本是一场戏，戏里戏外每个人都有着不同的人生轨迹和故事，但也有着相同之处，那就是每个人都拥有过去、今天和未知的未来。走出过去，把握现在，憧憬未来。走出过去并不是要你放弃过去，而是走出过去的阴影，总结过去的经验，为现在提供借鉴，为明天指明方向。一个人若是生活在过去的光辉或悲伤中，他将永远无法让自己达到人生的另一个高峰。

能够放得下过去的人才是豁达的人，能够放得下过去的人才会有信心追求明天，才可以让自己生活得更加精彩，才可能有未来的成功和幸福。一个活在过去的人，只是做一天和尚撞一天钟，苟且偷生，他不知道今天为什么而奋斗，不知道明天在哪里，这样的人迟早会被时代的浪潮淹没。

并不是人一定要刻意去回避什么，只是有些东西由不得人自己，或者说很多时候人都是在刻意地在意什么东西的时候，却不知不觉地丢失了他们。就像曾经以为的那些坚不可摧、亘古不变的友情，好多都是在不经意间随时光流走的。那些曾经开放在春天里的洁白的百合花，也早已凋谢不留半点芬芳。身边的人走了旧的，又来新的，新的又成为旧的，再换成新的。现在身边又有了不同的人，各自匆匆忙忙奔波于世界的各个角落。过去，就在时间里慢慢流走。

既然过去无可避免地成为过去，你又为什么不能抬头往前看，要知道，前面还有更多的路等着你去开拓，还有无数个明天是崭新的啊！更多时候，人在生活的路上走得不好，不是路太狭窄了，而是人的眼光太狭窄了，只看到了自己经过的那片原野，却看不到未来还有那么大片的天地，所以最后堵死人的不是路，而是人自己。

英国前首相劳合·乔治有一个很奇怪的习惯——随手关上身后的门。有一天，乔治和朋友在院子里散步，他们每走过一扇门，乔治总是随手把门关上。“你有必要把这些门都关上吗？”朋友很是纳闷道。

“哦，当然有。”乔治微笑着说，“我这一生都在关我身后的门。你知道吗？这是必须做的事。当你关上门的时候，也将过去的一切留在了后面，不管是美好的成就，还是让人懊恼的失误，然后，你才可以重新开始。”

“我这一生都在关我身后的门！”多么经典的一句话！从昨天的风雨里走过来，身上难免会沾染一些尘土和霉气，心中多少会留下一些辛酸和留恋，这是不可能完全抹掉的。人需要总结昨天的失误，但人又不能总对过去了的失误和不愉快耿耿于怀，因为伤感也罢，悔恨也罢，都不能改变过去，不能使你更聪明、更完美，所以只有放下过去。如果总是背着沉重的怀旧包袱，为逝去的流年伤感不已，那只会白白扔掉眼前的大好时光，也就等于放弃了现在和未来。追悔过去，就只能失掉现在；失掉现在，哪还能再谈什么未来！正如俗话所说：“因为误了头一班火车而懊悔不已的人，肯定还会错过下一班火车。”

要想成为一个快乐而成功的人，最重要的一点就是记得随手关上身后的门，学会将过去的错误、失误通通忘记。不要沉湎于懊恼、后悔之中，一直往前看。时光一去不复返，每天都应当尽力做完当天该做的事，明天将是新的一天，重新开始，重新振作，不要使过去的错误成为明天的包袱。其实幸福就在眼前，你应该好好去把握、好好去努力。放下过去之后就能够拥有现在、面对未来。既然过往变成虚幻，既然过往不会再来，为何不尝试着去放下过往。如果有怀念过去的力气，为什么没有憧憬未来的勇气。你不比别人差，只是你比别人缺少自信；你不比别人更像孬种，只是你缺少拼搏的勇气。

不同心态的人面对明天有不同的态度。有些人从今天看到了明天的希望，因而能够欢欣鼓舞、积极地迎接明天。有些人害怕明天，无望于自己的明天。但是，明天毕竟还未来到，现在之前的所有经历，已经使你不自主地积累了太多经验和教训，教训使人冷静、使人铭记、使人清醒。这些教训足够你拾起信心，面对明天了。

当苟且偷生的生活被新的现实打破，就需要你建立新的信心、新的知识、新的思维。如果明天不幸依旧，就不会有社会的进步、人类的进化，就不会有新鲜的血液、新生的活力。明天依旧，就不会有自然的改变，更不会有伟大人物的出现。

郁达夫说过这样一句话：“没有伟大人物出现的民族是世界上最可怜的生物之群；有了伟大人物而不知道拥护爱戴、崇仰的国家是没有希望的奴隶之邦。”明天比今天更好，不是没有条件的自动转换。它需要人靠自己的力量去努力创造，伟大人物正是创造者之先锋。

人类是在不断的创造中进化而美丽的。明天的美好不是在幻想里孕育而成的，更不是等待就会降生的；它在辛勤创造者心里胚胎，在伟大人物的手心里微笑，在胜利者的身边环绕。只要今天不灰心地努力创造，明天会比今天要好的。

站在茫茫人海中，你是否孤独地不知道自己该往哪儿走，如果真的没有属于你的路，你就这样无奈地去面对生命吗？就这样听从没有选择的生命吗？但上帝是宽宏的，当你真正无路可走时，就会发现，人到山前必有路，船到桥头自然直。没有陷入绝境的时候，只要没有掉下悬崖，至少还有后退的选择。

退一步海阔天空，以退为进，才是智者。不论到了什么地步，当你闯不过去了，告诉自己回头是岸。退让不是怯懦，也绝非失败，退让是豁达的放弃，是为从头再来做出的选择，自古人们都用“浪子回头金不换”来劝诫误入歧途的人们。

偏偏有的人心胸狭隘，不懂得退让，他们看不到明天，眼前黑暗一片，就以为无路寻找光明，宁愿在黑暗中埋葬自己。如果不是这样，楚霸王怎能江边自刎，须知江东父老是会支持他卷土重来的。枉有力拔山兮之勇，却承受不起挫折之创痛，不能展望明天，不敢相信自己。项羽其实是被他自己打败的。

只有脆弱的人才会在过去沉沦，不能抛开一切的烦恼，没有心情追求生活的趣味。总是会在失意中为自己找所谓的借口，在自责中耗尽青春的活力。人生不必要如此劳累地活着，打开自己心灵的枷锁，试着让自己开心的活法。梦想总是如此的无奈，而人却不得不去面对。无助的时候，只有直视人生，面对真实的自己，才会有希望。

你可以放弃成功，却不能轻易地放弃生活，命运就是如此的让你无助。但是睁开眼睛，放眼世界，你会发现还有灯火阑珊之处……只不过你自己不想去尝试罢了。给自己一些信心去面对人生，会有不一样的收获。

生命是多么的宝贵和难得，所以，要努力让自己活在人间。不管过去多少风风雨雨，不要去怀念。记忆总会让你模糊双眼，泪水总会侵蚀你的心灵。旧日的痕迹，尽管有难舍，有无奈，还有刻骨铭心。然而，这毕竟又是一个生机盎然的春天，是一个重新开始希望的季节，是到了把过去留在脑海中的记忆毫无保留地撒手扔进款款春风里的时候了。窗帘卷起的，是昨日已经枯萎的被岁月打磨过的伤疤；阳光照射的，是今天刚刚开放了的汗水浇灌出来的花朵。

“一切只是瞬息，一切都会过去，为了那即将到来的，你要生活得更为积极！”生命匆匆如白驹过隙，人世间的繁华也就是这几十年而已，怎样使自己在短暂的时光中过得更加愉快？人无时无刻不在努力地寻求更新鲜、更开阔的属于自己的一片天空，不断地追逐着自己理想中的海之彼岸，为了这个目标，人已经抛弃了身边太多的聊以慰藉的温存。当你看不见生活中的快乐时，自己的内心深处也应当清楚地体会与知道，哪些是自己想要的，哪些是自己应当存留的真实生活。

人生的旅途中，总是不时地出现坎坷，生活总不会如自己所愿。荣华富贵，无非过眼烟云。人来到人间，大千世界有无穷诱惑，要用平静的心态去处理。富贵于我无所求，平淡于我无所望，一切随缘，不要去强求些什么。粗茶淡饭的日子，也许会更加的温馨、幸运。

很多经历都是命运给你的磨炼。什么是磨炼？磨炼就是磨光身上凹凸不平的地方，磨炼的成功就是变为圆滑光亮的明珠！这种磨炼使你精疲力竭，使你发出悲鸣，使你蜷缩在最黑暗的角落里，最后还是得靠自己走出这种心魔制造出来的玩笑。当你回头的时候，看见来路是一串带血的脚印，没有任何值得欢笑的东西，但你还是要这样一路笑着走出来。正是如此开怀的笑与如此真切的哭，生命才焕发出美丽的光彩。

一个人活在世界上，有时候是要学会为自己寻找一些借口的。因为有了它，你才能明白一些道理，才会心理有所安慰，才会知道自己在这些事情上是错误的，才会明白这些事情你早就该放弃了！借口有时候是这样的美好。如果太在意生命中的一些得失，就会掉进一个自己挖好的坑，想出也出不来了。

如果现在就发现很多事情已经到了自己不愿再回首的地步了，那为什么还要给自己再戴一个紧箍咒呢？为什么要叫自己生活在阴影中呢？天真、活泼、率直的你是不是已经被自己忧愁的土壤掩埋了呢？尽管你一直在掩藏着自己，一直在尝试着改变自己。你可能碰到了很多以前不曾碰到的东西，你或许面对着很多你所不能解决的问题。但是，请相信自己，你可以做得更好。

天使之所以会飞，是因为他把自己看得很轻。你不会飞是因为你把自己凌驾于万物之上。背负的东西太多了，就失去了飞翔的能力。明天会有希望，会有喝彩，把心里的郁结打开，放下沉重，无须在意过去，因为你还拥有明天，有明天就有希望。忘却所有的烦恼，淡却所有的回忆，美好的、痛苦的、忧伤的。日子像织布机上的布，一片片滑落，又一片片接上。生活便是一点点的忙碌与感动错织了的一段精彩。明天的世界是空寂而又激动的，更大的机遇与挑战会令你热血沸腾。